ドボク模型

大人にも子どもにも伝わる最強のプレゼンモデル

藤井俊逸 著
日経コンストラクション 編

日経BP

CONTENTS

本書は日経コンストラクション2017年3月13日号～2018年9月10日号で掲載した連載「ドボク模型プレゼン講座II」と2022年10月号特集「いつまで続くシールド事故」の「外環道陥没をドボク模型で再現、性質が変化しやすい砂地盤に注意」の記事に加筆・修正した

✂ はじめに

ドボク模型 名 **【どぼくもけい】** 100円ショップやホームセンターで手に入る材料で、土木の仕組みを伝えるもの

本書のタイトルである「ドボク模型」は、土木技術者向けの専門雑誌である「日経コンストラクション」（日経BP）で2014年1月27日号で始めたコラム「ドボク模型プレゼン講座」から取っています。一般の人への「土木」に対する理解を深めたいという思いから、スタートしました。

理解を深めるには、地元説明会の場がよいと考えました（発注者や施工会社は、工事を行うときに、地元住民に対して説明会を行っています）。その際、一般の人に土木の面白さや難しさが伝われば、もっと土木への理解が深まるのではないかと考えました。

ただし、一般の人に土木の面白さや難しさを伝えることは、簡単ではありません。興味を持ってくれるツールが必要となります。地元住民に「なるほど」と思ってもらえれば、土木に興味を持ってもらえるきっか

施工会社での研修の様子（写真:7ページまで藤井基礎設計事務所）

けにもなります。

そんな地元説明会での活用で始めた「ドボク模型」でしたが、その後、思わぬ用途の広がりを見せました。1つ目が、建設コンサルタント会社や建設会社での社員教育です。人手不足の影響もあり、大学などで土木を学んでいない新入社員が増えていると聞きます。そのような社員に土木の面白さや原理を知ってもらう目的で、ドボク模型の講習依頼が舞い込んできました。

また中堅技術者にも好評でした。基準に沿って設計するケースが多くなり、設計の本質を再確認する際に効果があるようです。社員研修でドボク模型の動画を利用させてほしいとの相談もあります。

2つ目が、防災学習会での活用です。大規模な土砂災害は、毎年のように発生しているため、住民の意識が高まっています。しかし、土砂災害がどうして発生するのか、それを防ぐにはどうするのかを、分かりやすく説明している書籍は意外と少ない。そのため、地滑りや崖崩れのメカニズム、防ぐための対策を説明できるドボク模型が重宝されているようです。

災害を防ぐための対策を説明すると、一般の人に土木施設の社会的な

ドボク模型を使った防災学習会

松江高専でのドボク模型を使った授業の様子

意義を知ってもらうきっかけとなります。その施設を造るために、測量や調査を行っていることも併せて説明しています。

3つ目が学校授業での活用です。大学や工業高等専門学校でドボク模型を使った教育も行われるようになりました。例えば、土質力学では土粒子の動きを理解することが基本となります。ドボク模型では、小さな土粒子をナットやストロー、パスタで分かりやすく表現しています。土粒子の動きを見ながら理解できるため、支持力や土圧、アーチングなどの現象を理解しやすいようです。動きを理解すれば計算式への理解が深まり、応用が効くようになります。

そして4つ目がイベントでの活用です。土木学会では一般の人に土木を知ってもらうために、毎年オープンキャンパスを実施しており、そこでドボク模型が活躍しています。子どもには直観的に理解できると評判で、土木への親しみを持ってもらえています。

5つ目が工法説明です。各メーカーやゼネコンでは、新しい工法が開発されています。それらの工法には“肝”になる部分があり、そこをきちんと伝えることが大事になるのですが、イラストや写真だけでは、理解しにくい部分があります。そんなときにドボク模型での説明が役立つ

土木学会関西支部の建設技術展近畿で、毎年実施している土木実験プレゼン大会での様子

ことがあるのです。

このように、色々な分野でドボク模型が活用されてきています。私はデジタルが普及してきた今だからこそ、ドボク模型のようなアナログの良さが、より実感できる気がしています。

最近は熟練技術者が現場の話をすると、若手の社員は基準に書いていないことは、関係ないようなそぶりを見せる一方で、若手技術者がパソコンで3D設計を行っていると、熟練技術者はなかなか口を出せなくなる——そんな話をよく聞きます。それが、熟練技術者も若手技術者もドボク模型を前にすると、自然とディスカッションができるようです。

ドボク模型は身近で安価な素材を使い、短時間で作れる模型です。アイデアの素晴らしい人や素材選びにたけた人、加工が上手い人などが、「ああでもないこうでもない」と言いながら、形にしていくわけです。子どもの頃、自分で物を作るのが楽しかった記憶がよみがえるため、自然と歩み寄れるのではないかと思っています。

年齢を超えて話をすると、それぞれの知識や経験を共有できて、一体感が生じます。発注者や施工会社とも、模型を通じて話すことで色々なアイデアが生まれ、楽しさを共有することができます。仕事が楽しいと思えることこそが、最も大事ではないでしょうか。本書がその環境を生み出す一助になれば幸いです。

なお、2015年10月に日経BPが発行した書籍「模型で分かるドボクの秘密」では本書と異なる事例を紹介しています。併せて読むと、土木の面白さが倍増します。ぜひそちらもご一読ください。

2023年11月　藤井基礎設計事務所社長　藤井俊逸

（写真：155ページまで特記以外は日経クロステック）

1

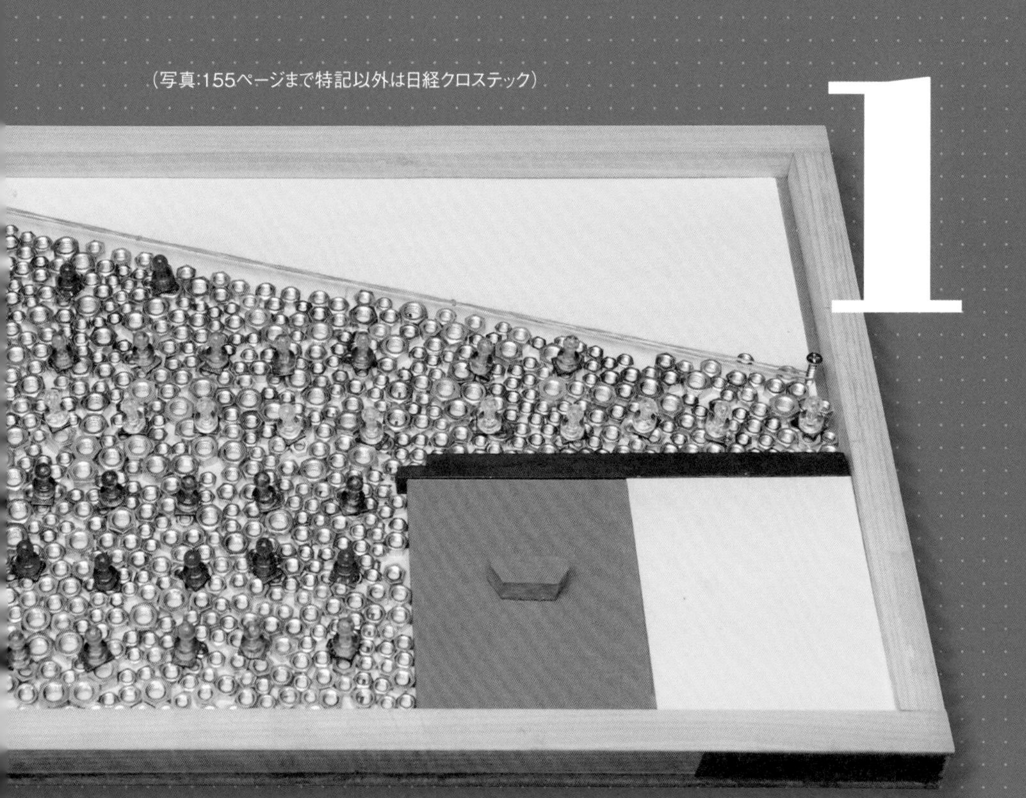

トンネル切り羽の崩れ方は？

金属ナットを土の粒子に見立てた模型で、山岳トンネル工事での切り羽の崩れ方や先受け工法の役割などを説明する。

模型の使い方と説明例

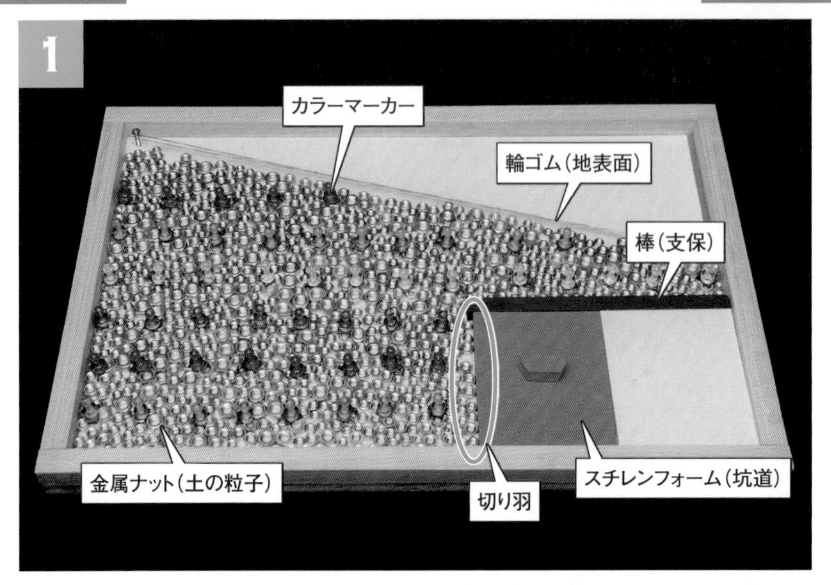

山岳トンネルの工事を再現した模型です。掘削中の先端部「切り羽」を断面で表して、ナットを土の粒子に見立てています。カラーマーカーは土の動きを観察する目安です

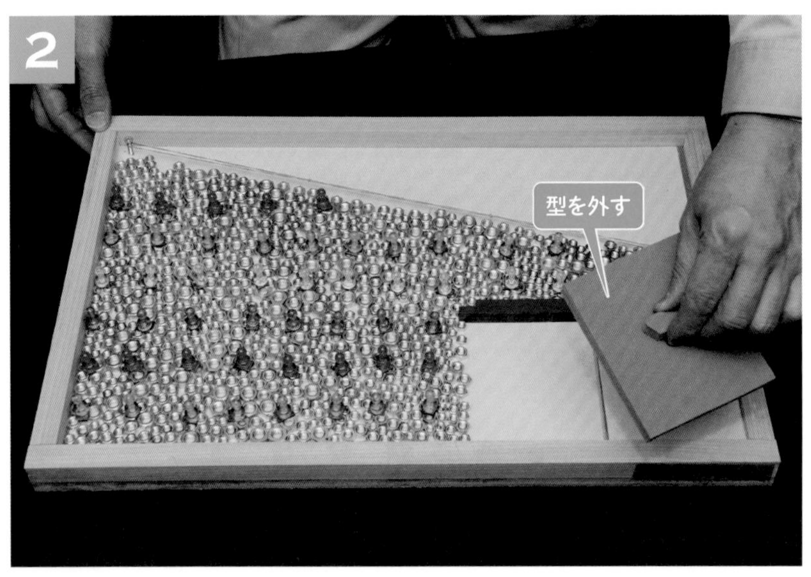

青い棒の下は掘り終えた坑道部分。青い棒は「支保」と呼ぶ支え。空間を保持する役割を担います。型を外すと坑道を掘削した状態になります

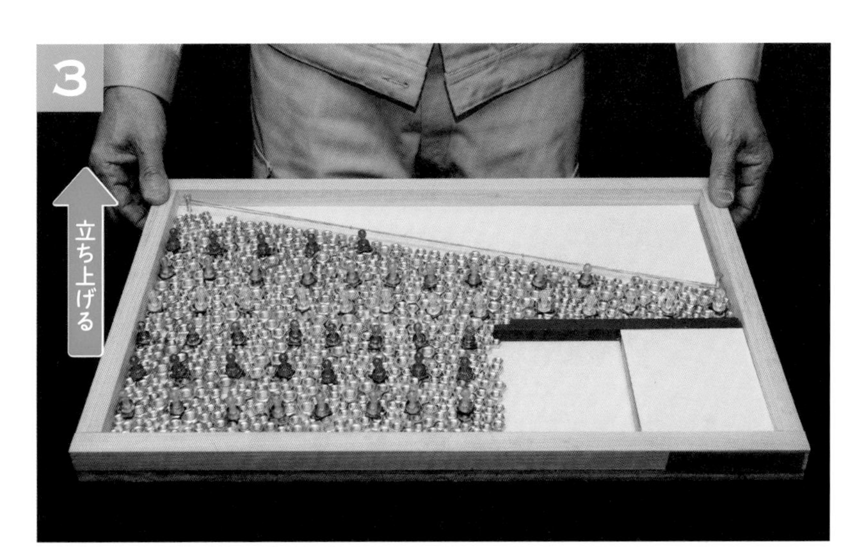

この状態で模型をゆっくりと立ち上げてみましょう

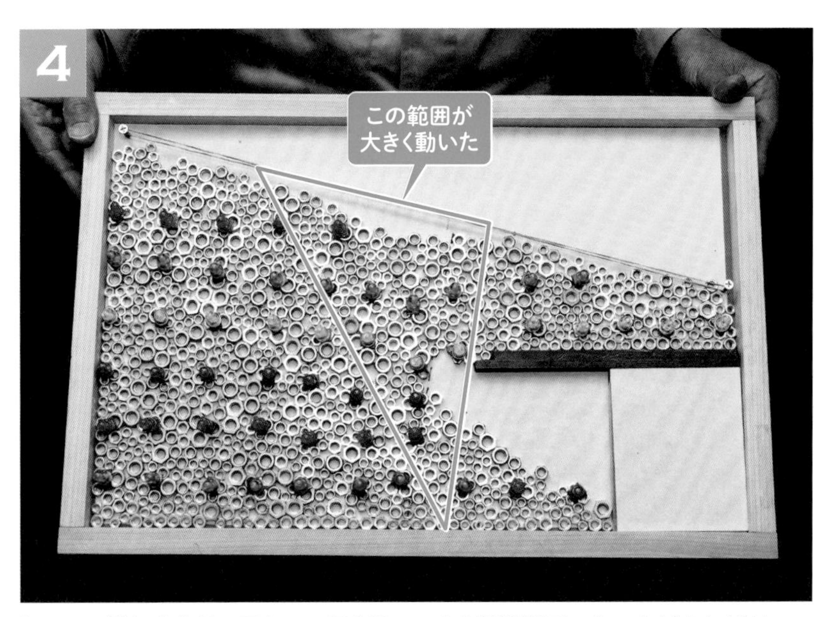

切り羽の崩れ方を見て下さい。切り羽、つまり掘削断面の上の方が大きく崩れて、その上の地表が凹んで変形していますね。青い逆三角の範囲の土が動いたことが分かります。実際のトンネル工事で生じる切り羽崩壊も、このような崩れ方をする例が多いのです

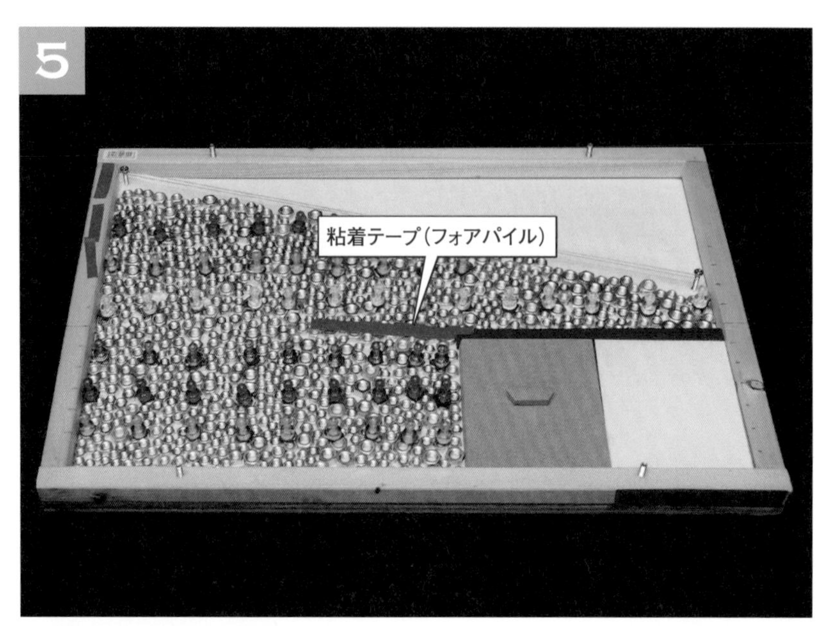

切り羽の崩壊を防ぐ一般的な技術の1つが「先受け工法」です。ここでは切り羽上方に「フォアパイル」と呼ぶ鋼管を打つ工法を紹介します。赤い粘着テープをフォアパイルに見立てています。地山の土を一定範囲でブロック化します

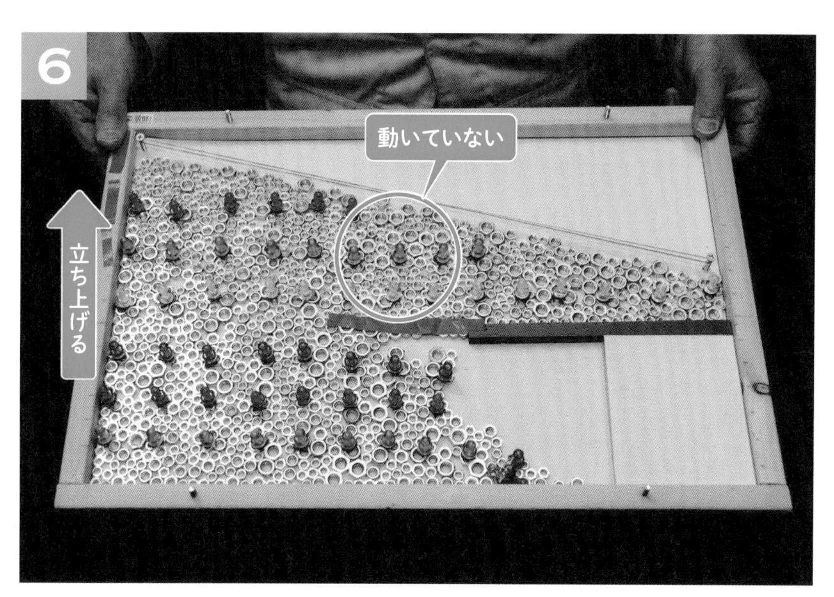

フォアパイルを打った状態の模型を立ち上げてみます。切り羽周辺の崩れは小さくなり、フォアパイルの上の土はほとんど動いていませんね

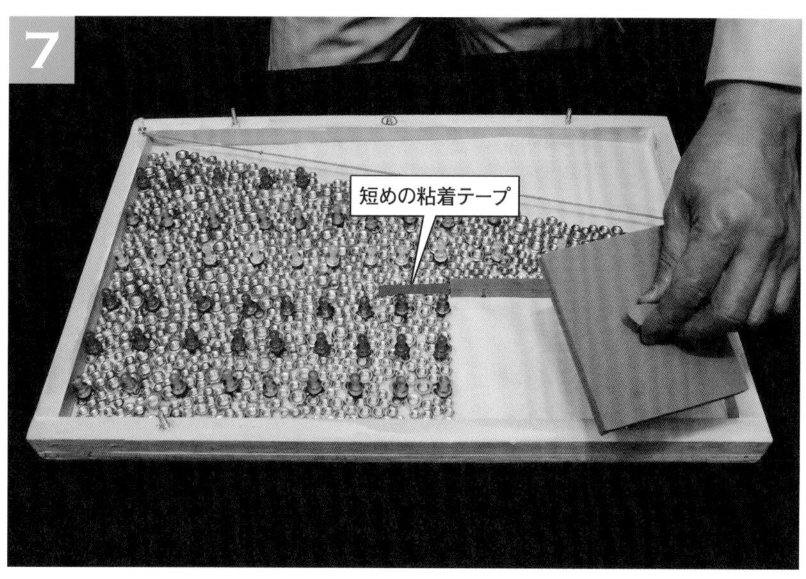

フォアパイルに見立てた赤テープを先ほどと比べて、おおむね半分の長さに変更しました

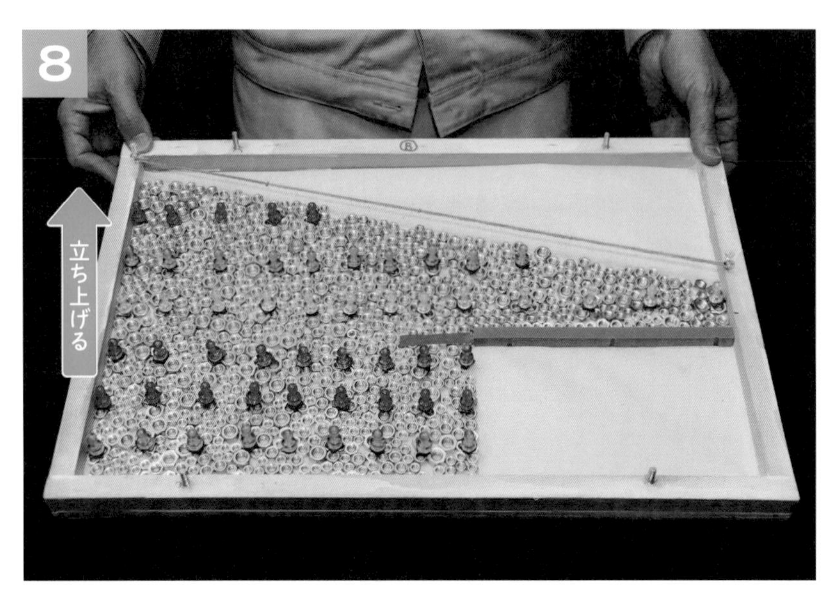

この状態で模型を立ち上げてみましょう

切り羽上方がフォアパイルごと大きく崩れて、上方の地表に至る範囲も動きました。このようにフォアパイルで切り羽の安定性を保つためには、適切な長さにすることが重要なのです

ナットは土粒子の2次元モデル

金属ナットは1つひとつを土の粒子の2次元モデルに見立てて、大きさの異なる3種類程度を混ぜている。模型を立ち上げると、ナットは重みで下方向に滑り落ち、上層の重みも加わる。重力や土圧を受けた土の粒子の動きを再現できる。動きを分かりやすく見せるために、色付きマグネットシートでつくったカラーマーカーをナットの上に並べておく。

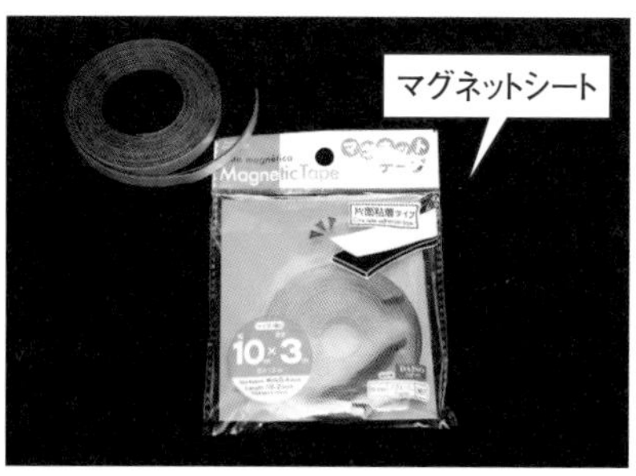

スチレンフォームの型で成形

木板の周囲に枠を付けた模型本体。金属ナットの滑りを良くするために、枠内の面に紙を張っている。模型を立ち上げる前の地表面ラインなどを表現するために、枠にくぎを打って色付き輪ゴムを掛ける。地山の断面や坑道部分の形状を整える型は、厚さ1cm程度のスチレンフォーム板だ。支保も同じ素材で、こちらは本体に固定する。

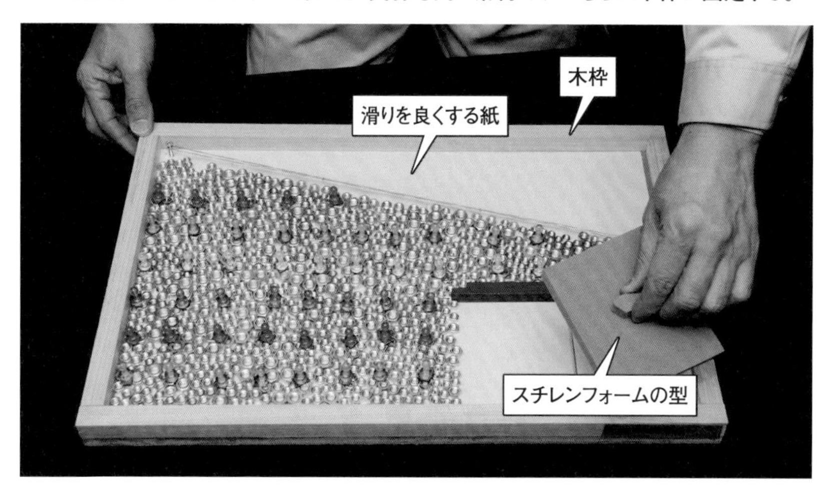

説明で伝えるポイント

金属ナットを土の粒子の2次元モデルに見立てて動きを視覚化する手法は、ドボク模型で定番中の定番だ。

一部の金属ナットを粘着テープで固定すると、固定していない周囲のナットも角同士が引っ掛かり合って、一定の範囲がブロック化する。この性質が、フォアパイルなどで地盤を安定化する補助工法を分かりやすく伝えるうえでポイントになる。

トンネル工事で切り羽が崩れる事故は時々発生し、上方が崩れるパターンは比較的よく見られる。2016年11月にJR博多駅前で発生した大規模陥没事故も、NATMで掘削中のトンネルで切り羽上方が崩れたことが端緒だった。崩壊の詳細メカニズムはケースによって異なるが、「切り羽上方は特に注意」という点は常に共通している。

切り羽が崩れる際には、上層地盤から崩壊箇所にかけた逆三角錐のような範囲で、土が大きく動く。山岳トンネル工事で坑口に近い掘削箇所では、地表に沈下計などを設置し、変位を計測するケースが一般的だ。

切り羽面や前方地盤の変状を探査する技術も近年、急速に進化している。特に大手建設会社を中心に、リニア中央新幹線などの大規模山岳トンネル工事を事実上の視野に入れた技術開発も加速している。

大きく陥没した道路。写真奥はJR博多駅。流動化処理土による埋め戻し工事を実施している。埋設管が寸断され、付近の建物で停電などの被害が生じた

✂ プラ板で「弱線」を再現する

15ページまでで紹介した模型では、地山全体で土の粒子がほぼ均一な性状と仮定している。実際の工事では地山の一部に軟らかい層、すなわち「弱線」が潜んでいて、掘削中に想定外の大規模な崩壊を引き起こすこともある。軟らかい層とは断層などで地盤が破砕され、小径の土の粒子になったり、粘土化したりして形成される。層の厚さは数センチの場合もあれば、1m前後に達するケースもある。こうした層は「滑り面」として機能しやすく、その場合、層より上の土塊が一気に動く。

下はその状況を再現する応用実験だ。切り羽前方と底面に、幅1cm程度に切ったプラスチック板を差し込む。切り羽前方は金属ナット間に、底面はナットと木枠の間に挿入する。プラ板が弱線の役割を担う。

模型を立ち上げると、プラ板の上層側のナットが一気に動く。フォアパイルも大きくたわみ、地表面のラインもセットした状態（青い輪ゴムがセットした当初のライン）と比べて、大きく変形する。実際に生じる弱線に起因した地山崩壊でも、土はこのように動く。

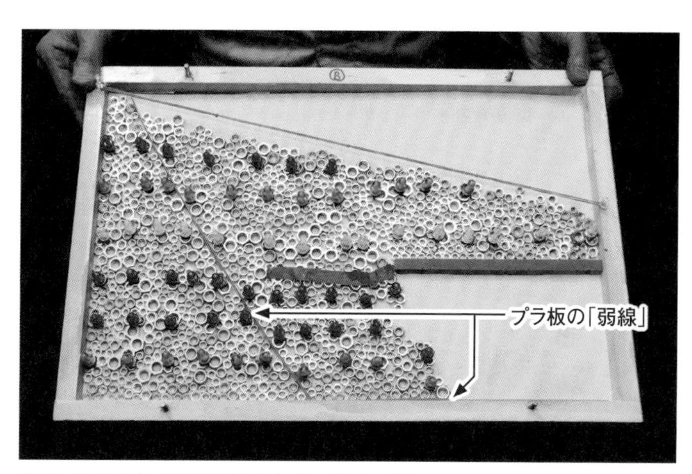

地山に滑り面となる脆弱層「弱線」がある場合。幅1cm程度に切ったプラスチック板を金属ナットの間などに差し込む。模型を立ち上げると、弱線より上層のナットが一気に動く。長いフォアパイルもたわんで地表面が下がる

切り羽安定用ボルトの効果を再現する

粘着テープで幾つかの金属ナットを固定すると、その周囲の固定していないナットも、角同士が引っ掛かり合うことで「ブロック化」する。この基本原理を使って、模型実験のバリエーションを1つ、紹介しよう。

フォアパイルは前方上方の地盤を支える役割を果たす。これに対して、切り羽の地盤の自立性が低い場合に有効なのが「切り羽安定用ボルト」だ。切り羽にグラスファイバー製などのボルトを何本も打ち込み、安定化を図る。

フォアパイルに比べて短め（ナット4個分程度）に切った粘着テープを、切り羽の断面に対して直角方向に貼る。長いフォアパイルでも切り羽上方の一部が崩れたのは先述した通り。しかし「切り羽安定用ボルト」に見立てたテープを切り羽の前方地盤に貼ると、模型を立ち上げても、切り羽の断面は当初の形を維持しているのが分かるだろう。

フォアパイルの長短に加えて、こうした切り羽安定用ボルトの有無による違いも交えれば、この模型実験のバリエーションを増やすことができる。

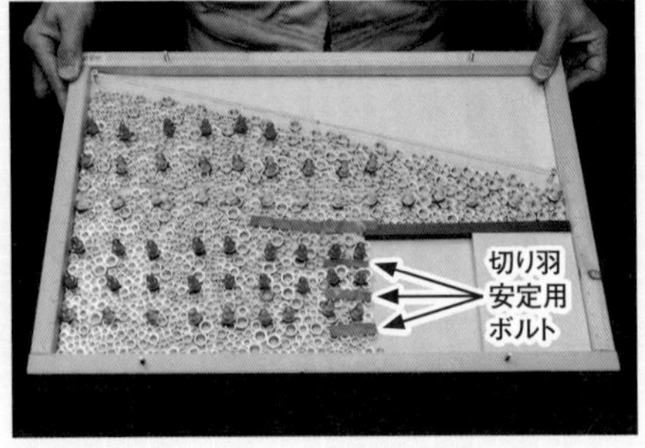

切り羽の前方地盤に位置する金属ナットに、切り羽安定用ボルトに見立てた粘着テープを貼る。テープはおおむねナット4個分程度の長さ。立ち上げても切り羽は崩れない

2 トンネルに掛かる偏圧とは?

山岳トンネルの上の地形が斜面である場合など、上方からの荷重バランスが偏っている条件では、坑道に対してどのような力が掛かるのか。金属ナットを土の粒子に見立てた模型で実演する。

模型の使い方と説明例

パネルに書いた赤線は地表面で、その下側は地山と思ってください。紙筒はトンネルの坑道です

地表面が水平な地形であれば、トンネルの坑道には、周囲の地山からおおむね均等な力が掛かっています

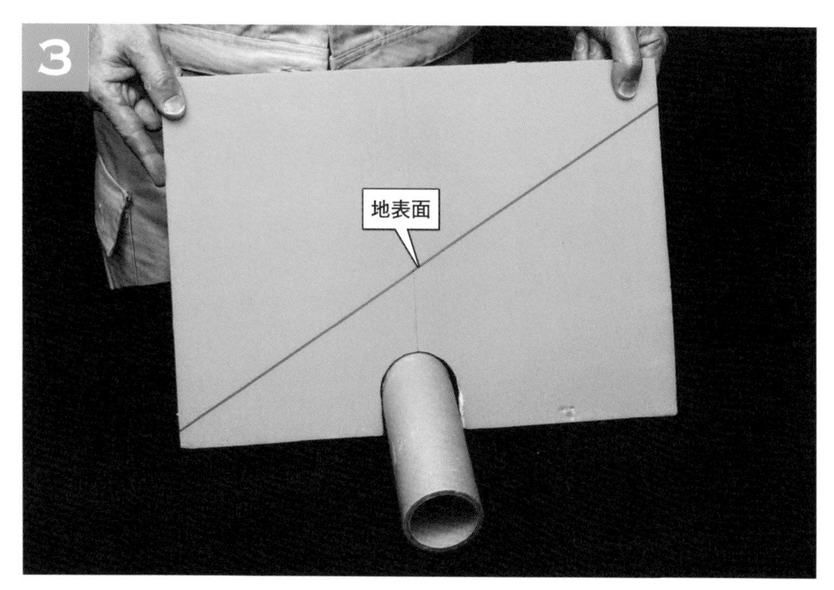

トンネルの上層が斜面だとしたら、地表面と坑道はこのような関係になります。地表面を示す赤線は下側の面積(地山の断面積)が、地表面が水平な場合とほぼ同じになる位置に引いています。このように上層が斜面の場合、坑道に掛かる力は変わるのでしょうか

◆ **坑道に掛かる力は地表面の傾きでどうなる?**

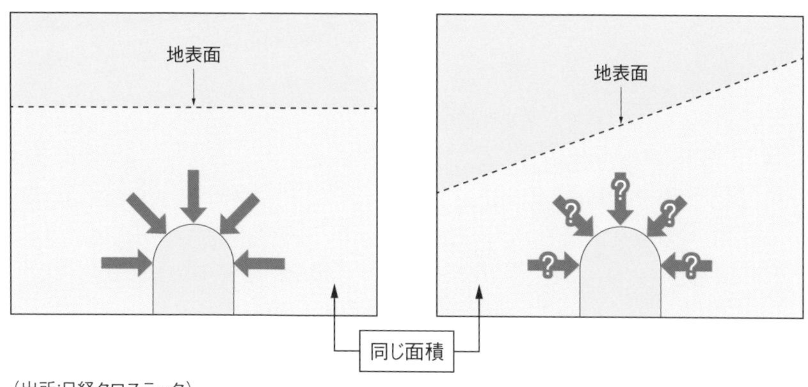

(出所:日経クロステック)

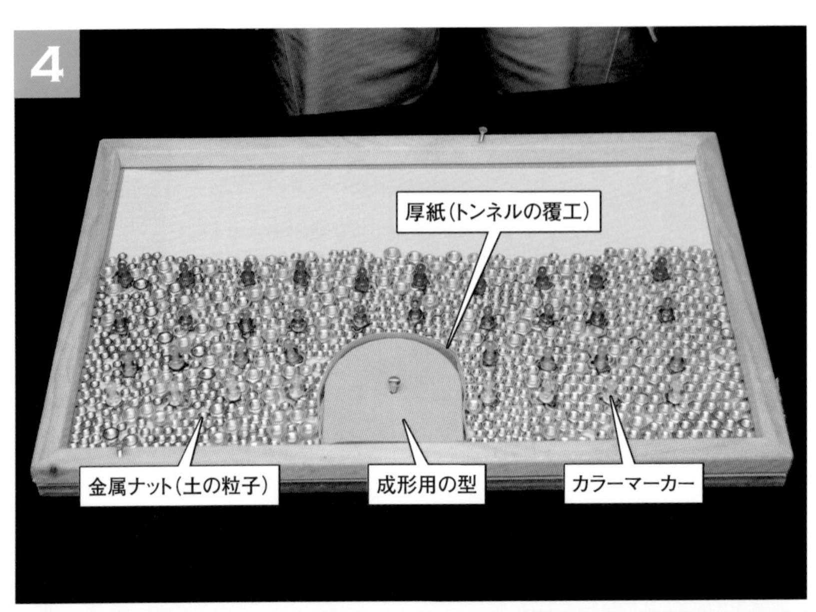

金属ナットを土の粒子に見立てた模型で実験します。まずは地表面が水平な地形の場合。トンネル坑道の周縁部(覆工)は厚紙です。成形用の型を外して模型を立ち上げると、ナットが重みで下方向に滑り落ちようとします。重力や土圧が掛かった状態ですが、坑道は形を保ってます。カラーマーカーは土の動きを観察する目安です

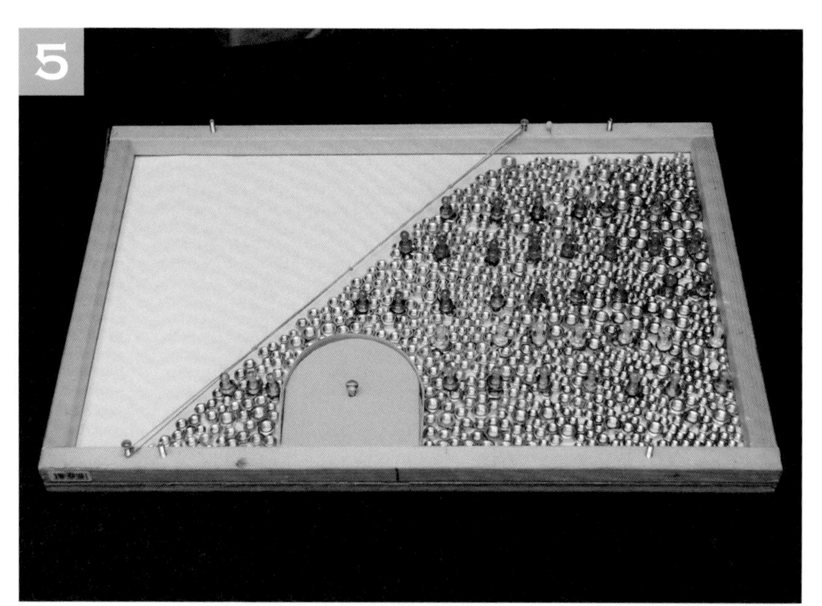

今度は、トンネルの上層が斜面の場合です。金属ナットの量は、地表面が水平な地形の模型（4の写真）と同じです。ナットに付けたカラーマーカーの動きに注目してください。成形用の型を外して模型を立ち上げてみましょう

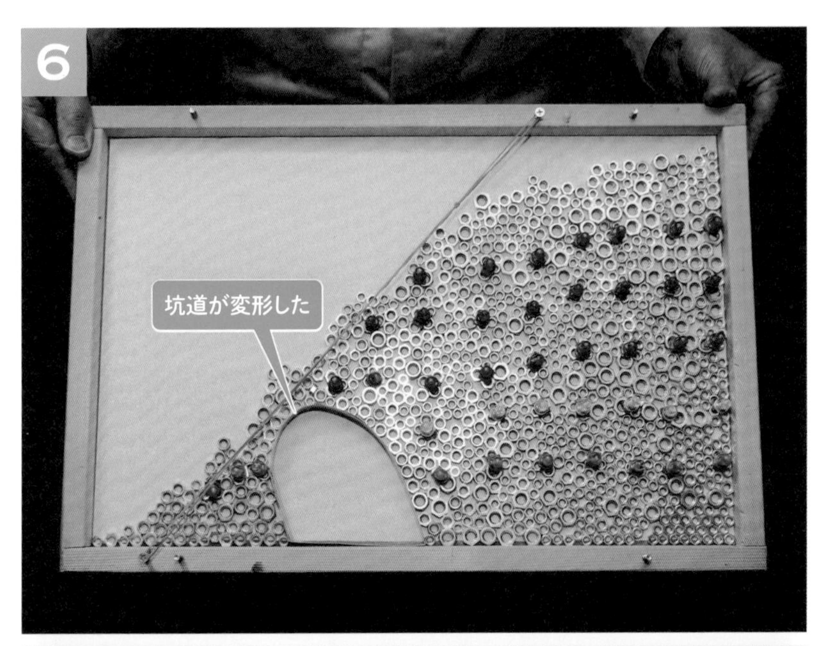

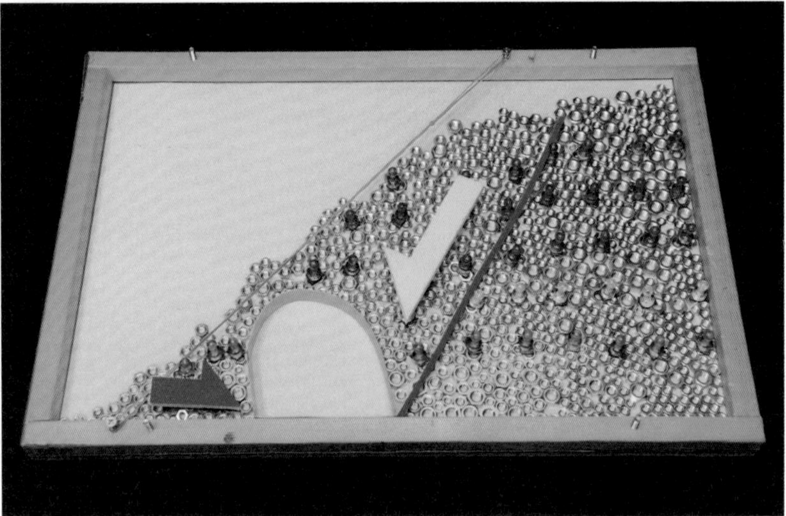

金属ナットが動いて、坑道は変形しました。カラーマーカーを見ると、坑道の山側では赤い線より谷側が大きく動いています（黄色い矢印）。谷側でも、坑道断面の下部側面で山側方向に動いています（赤い矢印）。土圧など、周囲の地山から掛かる力が均等な状態では形を保っていた坑道が、不均等な力、つまり「偏圧」が掛かった状態では変形しました

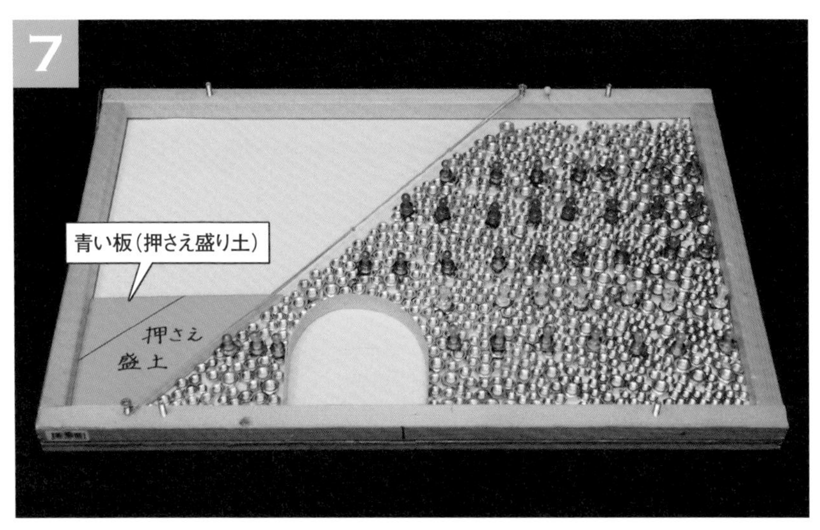

山岳トンネル工事で、特に坑口付近の掘削では「偏圧」を想定した対策を講じるケースがよくあります。その1つが、押さえ盛り土を使う手法です。青い板が押さえ盛り土で、坑道谷側の斜面を押さえるような位置に施工します

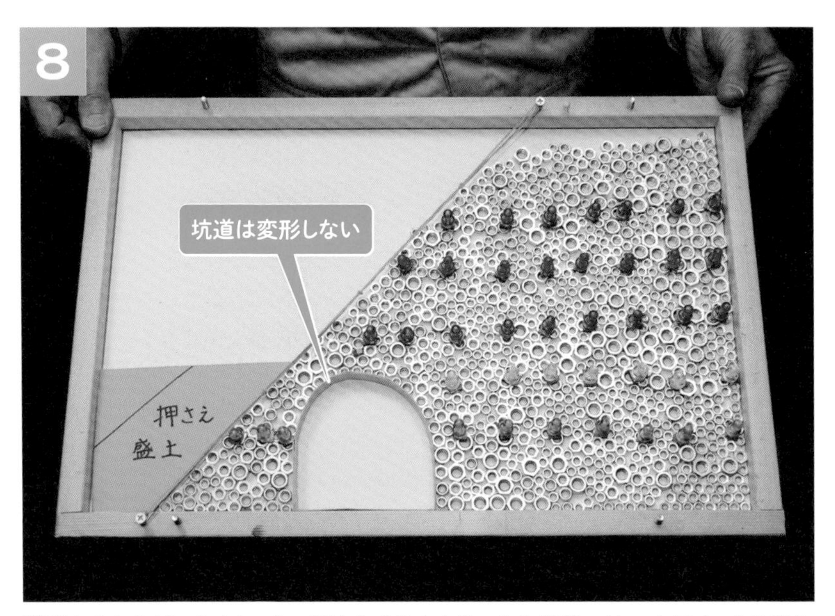

模型を立ち上げてみましょう。押さえ盛り土を施工した状態では、金属ナットは動かず、坑道も変形しません。盛り土に地山の変形を抑制する効果があるのです

模型の構造とつくり方

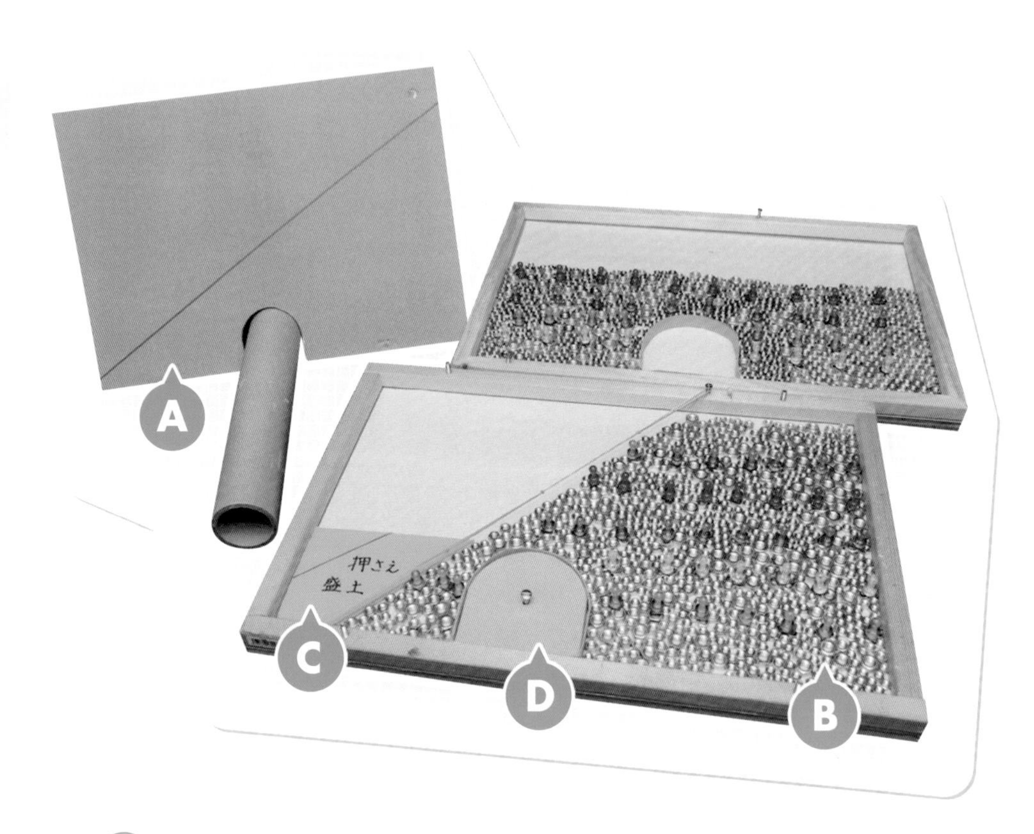

A

パネルはスチレンフォームの板、紙筒は料理用ラップなどの芯材。いきなり「偏圧」といっても分かりにくいので、金属ナットの模型を実演する前に、こうした簡易な説明ツールで実験の意図や内容を感覚的に理解してもらう

B

金属ナットは土の粒子の2次元モデル。大きさの異なる3種類程度のナットを混ぜている。模型本体は木板の周囲に枠を付けて、ナットが滑りやすいように内側に紙を貼っている。地表面が水平の場合と斜面の場合とで、それぞれナットは同量

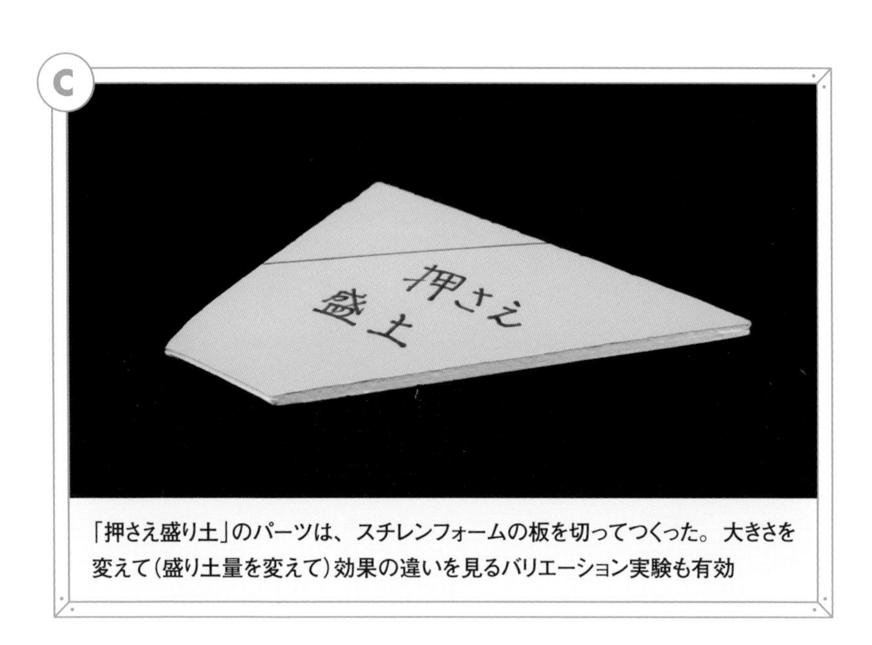

「押さえ盛り土」のパーツは、スチレンフォームの板を切ってつくった。大きさを変えて(盛り土量を変えて)効果の違いを見るバリエーション実験も有効

坑道断面は一定の強度がある厚紙製で、トンネルの覆工に見立てている。模型をセットする際に用いる型は、スチレンフォームの板

説明で伝えるポイント

今回のテーマは、山岳トンネルで土圧などによって坑道断面に掛かる力の視覚化だ。第1回に続いて、金属ナットを土の粒子の2次元モデルに見立てた模型を使う。

山岳トンネル工事で、地山から受ける「偏圧」を考慮に入れる必要があるのは、土かぶりが比較的浅い箇所だ。最も代表的な箇所は、坑口付近だろう。

山岳トンネルの覆工は一般に無筋コンクリートで、曲げモーメントに弱い。単純に周囲の地山から掛かる力だけを考えた場合、鉛直力と水平力のバランスが保たれていれば、覆工には圧縮力だけが作用する。22ページの「模型の使い方と説明例」で示した**4**の「トンネルの上の地表面が水平の場合」は、そうした状況を示したものと捉えてほしい。

しかし実際の工事では、坑口付近で上の地表面が水平な状況、すなわち周囲の地山から均等に力が掛かっているような状況はめったにない。

自動車道でも鉄道でも、坑口の位置は、現場の地形だけで最適なポイントを決めるわけではない。トンネル前後の路線線形や現地の施工条件

尾根のラインに対して坑口が向かってやや右手に位置し、坑口の上は右下がりに傾斜している

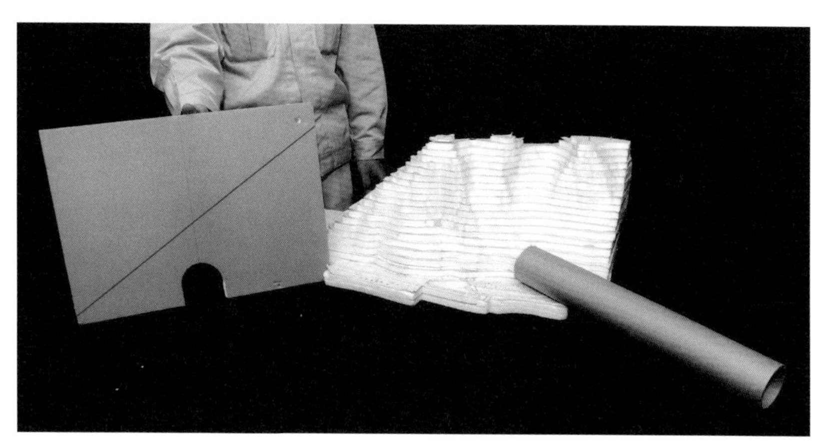

トンネル前後の線形などで坑口付近の上層地形断面が斜面になるケースはよくある。上のような等高線模型（等高線ごとにカットしたスチレンフォーム板を重ねた立体模型）と紙筒のトンネルで示すと、分かりやすい

といった要素も、坑口の位置を決める際に重要な与件となる。

例えば、地山の尾根筋に斜交するような線形でトンネルを計画するケースは珍しくない。そうした場合、地山全体をトンネルの横断面で見れば、上の地表面は傾斜している状況になる。実例の写真や等高線模型などを示して説明すれば、より分かりやすい。

山側は「主働土圧」が作用

金属ナット模型の実演の通り、トンネルの上の地表面が傾斜している場合、山側から掛かる外力が大きい（24ページ 6 の写真の黄色い矢印）。作用しているのは主働土圧だ。

模型の実演では、谷側のナットも坑道下方に食い込む方向に動いている（同じく 6 の赤い矢印）。こちら側では受働土圧が作用している。

また山岳トンネルで一般的な知識の１つだが、現場の地盤が崩積土や強風化土などせん断強度が低い地質の場合は、偏圧の影響が極めて大きくなる。若手技術者向けに模型を実演する際には、こうした点も説明に加えれば、さらに理解を深めることができるだろう。

偏圧を生じさせる要因として、他にも地滑りがある。実際にある市で起こった事例を基に紹介しよう。

下の図には地滑りブロックを記載している。青線がトンネルの位置で、地滑りブロックを横切っていることが分かる。地滑りは青矢印方向に移動している。トンネルの谷側を①、トンネルの山側を②と表記した。

右ページの図はトンネルの変形状況を示している。①はトンネルの谷側を、②は山側をそれぞれ表す。青矢印は、地滑りの移動の向きだ。トンネルの山側に作用するので、偏圧となっている。

①と②を結んだ亀裂よりも図の坑口側が移動し、奥側は移動していない。つまり①②の位置に、変形が発生したことになる。

ここから分かることは、トンネルは山が上から崩れる力には強いが、横から押す力（偏圧）には弱い構造だということだ。偏圧が作用する可

◆ **地滑り発生箇所の平面図**

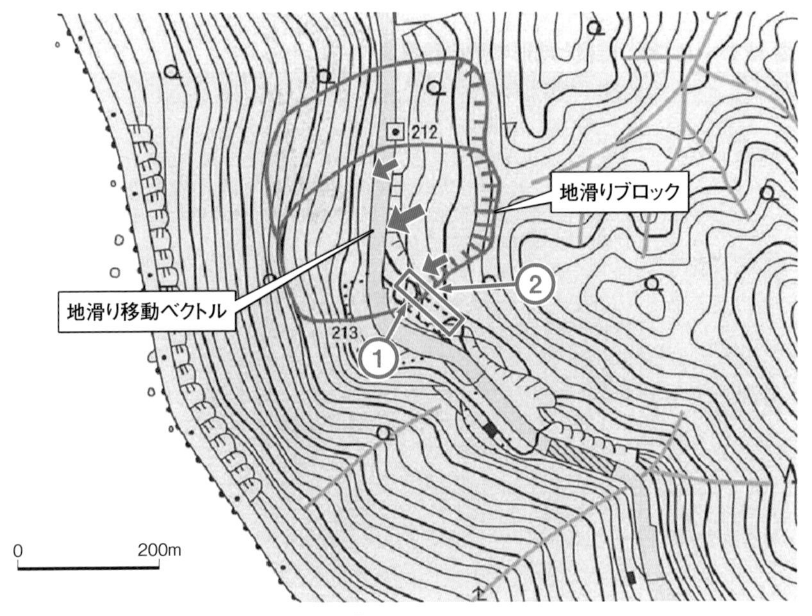

（出所:日経BP「危ない地形・地質の見極め方」）

能性があれば、事前に対策を講じておく必要がある。

この事例の場合は、対策により地滑りを止めてから、トンネルを施工すべきであった。崖錐地形の場合も、トンネル側方に偏圧が作用することがあるため、その偏圧対策を事前に行ってから、トンネルを施工すべきである。

◆ 地滑りに伴いトンネルが変形

[縦断的に見た変型状況]

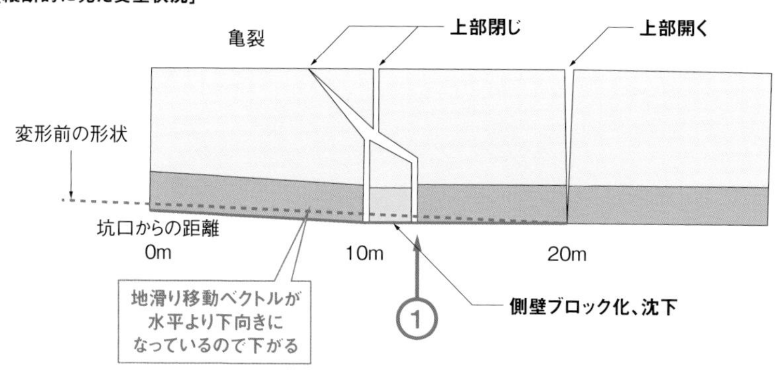

[立体的に見た変型状況(10m付近)]

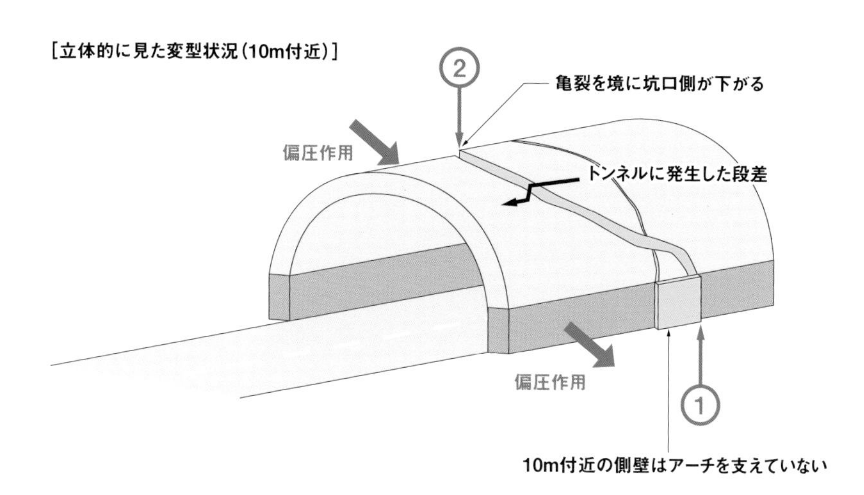

(出所:日経BP「危ない地形・地質の見極め方」)

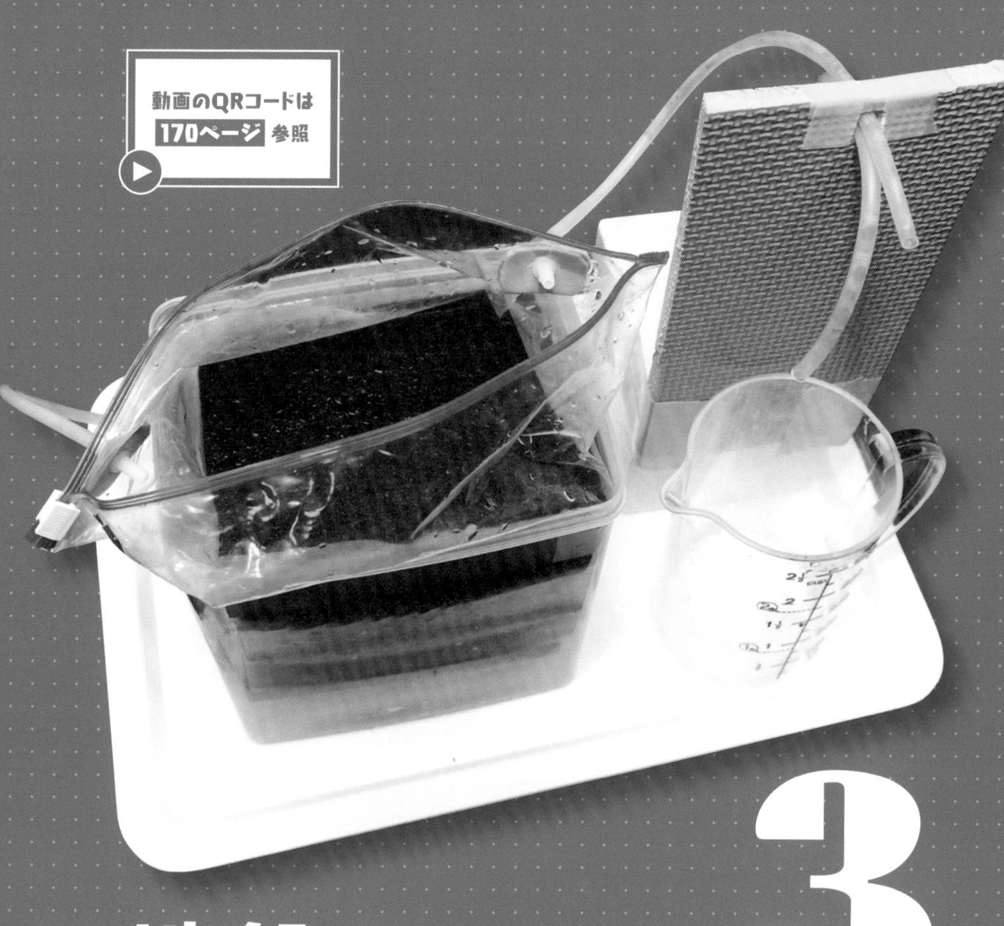

動画のQRコードは
170ページ 参照

3

地盤の圧密沈下とは?

地盤の圧密沈下をタッパーや台所用スポンジを使った模型で説明する。地中に含まれる水が沈下にどのような影響を及ぼすのか、土の沈下傾向を視覚化する。

模型の使い方と説明例

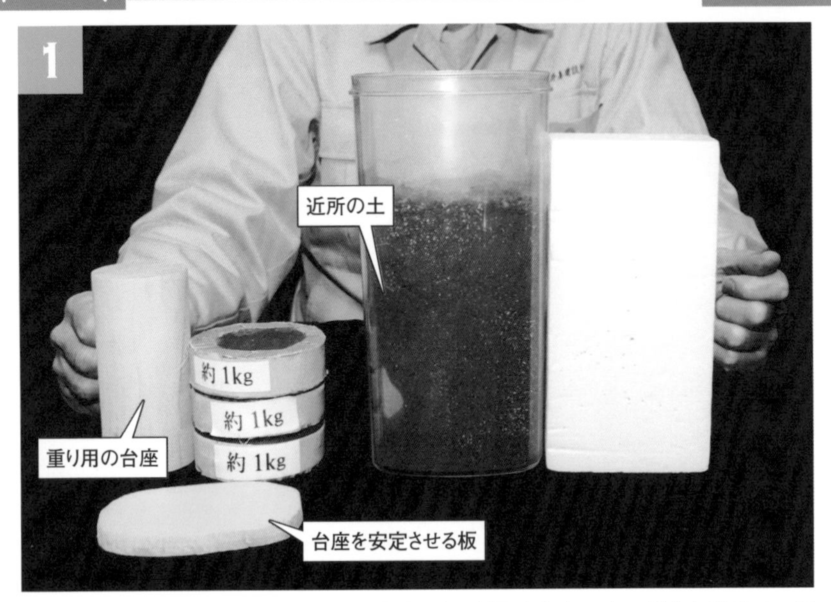

透明なポットの中に入っているのは、近所の山で採取した土です。重りを載せて、圧密沈下の様子を再現します

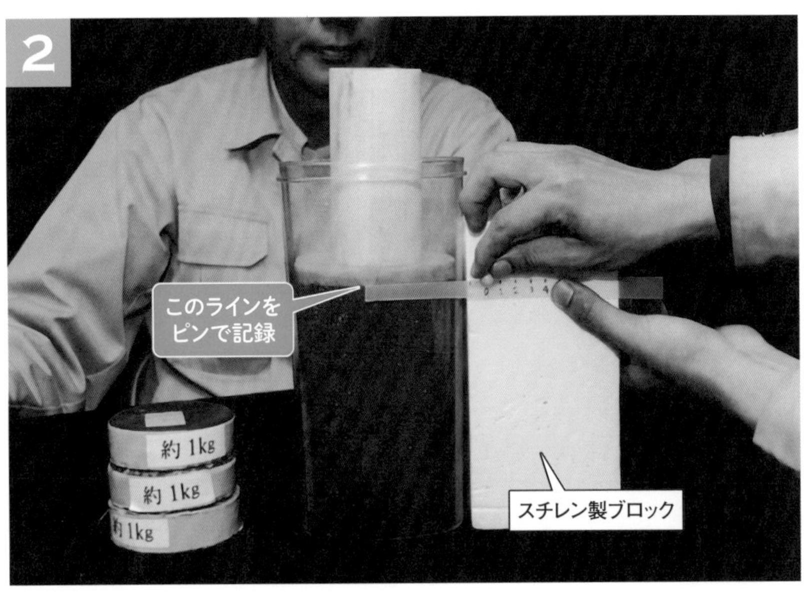

まずは重り用の台座を載せた状態で、ポット内の「地面」の高さをピンで記録します

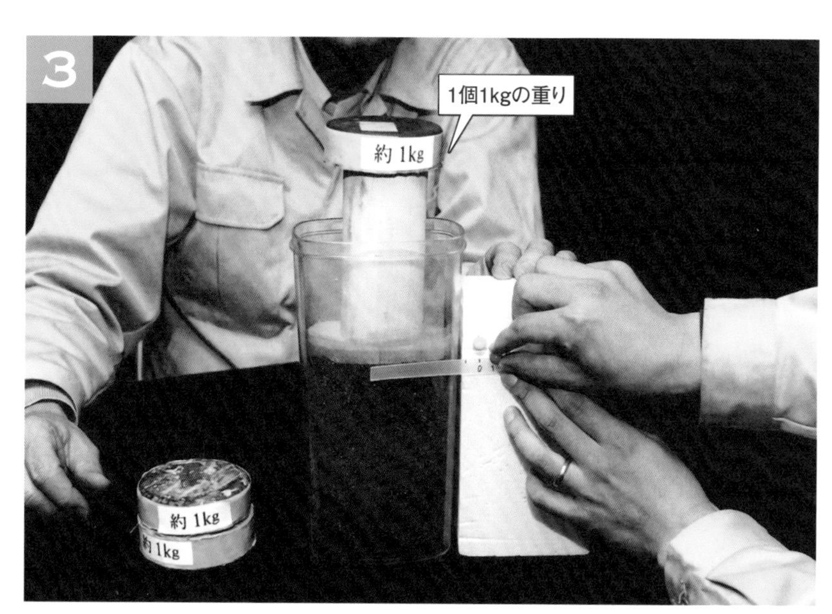

1kgの重りを1個ずつ載せて、地面の高さの変化をピンで記録します

重りを3個載せました。重りを1個ずつ載せる途中にピンで記録した地面の高さを見ると、土の沈下量は徐々に減っています。バネが縮むようなイメージです

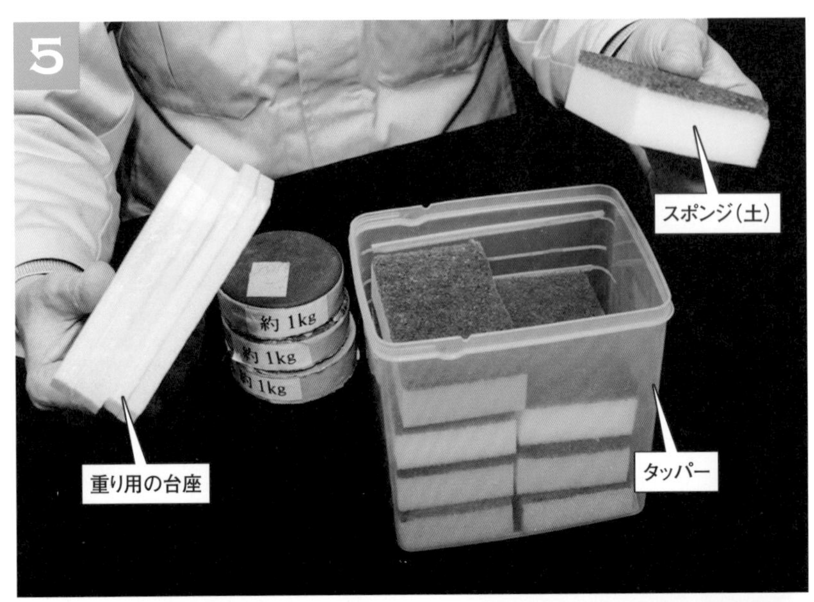

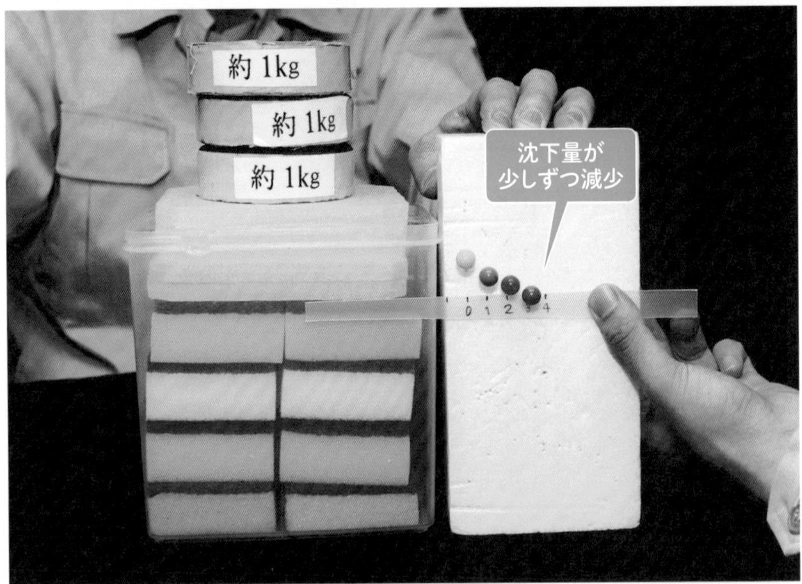

別の模型で圧密沈下の特性を再現します。タッパーの中に並べた台所用スポンジを土に見立てています。スポンジの色違いの層を目安に、沈下の様子を確認します。重りを1個ずつ載せて、「地面」の位置をピンで記録します。土を使った模型（1～4の写真）と同じく、重りを載せるごとに沈下量は徐々に減っていますね

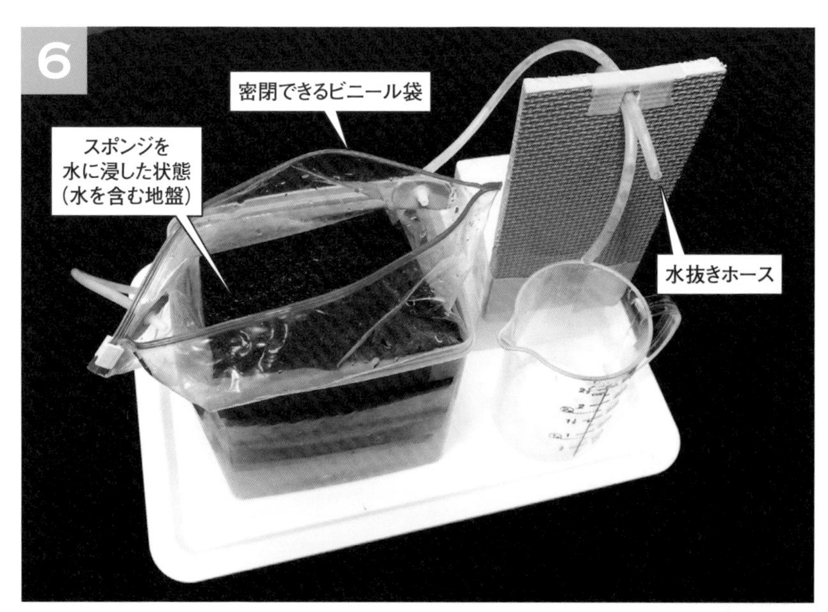

今度は地下水位が高い場合など、地盤に水が含まれている状況を再現します。タッパーにファスナー付きのビニール袋を入れて、その内側にスポンジを並べます。スポンジ全部が沈む程度に水を注ぎ、袋内の空気をできるだけ抜きながら、ファスナーを閉じて密閉します

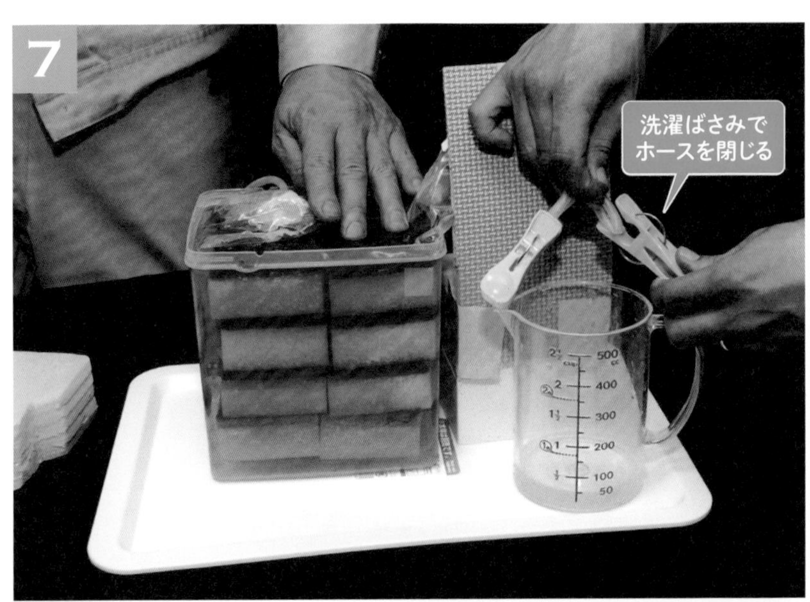

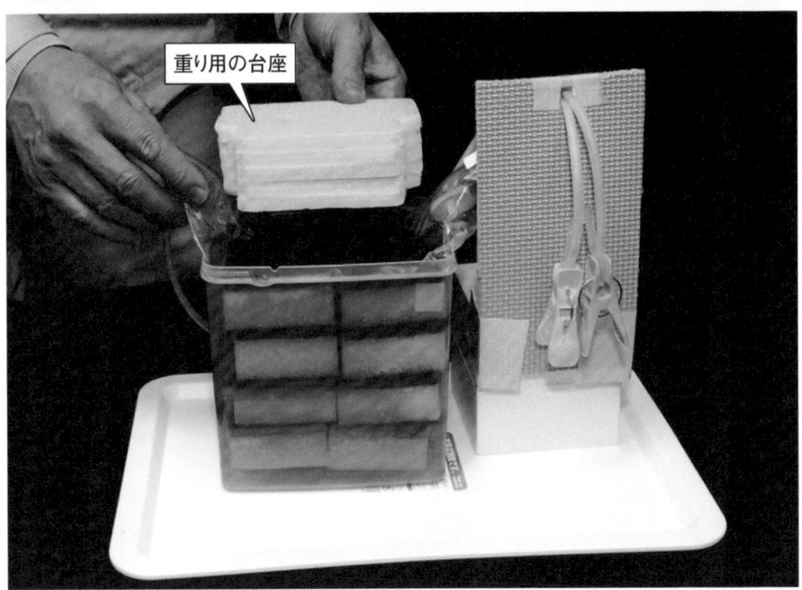

あらかじめビニール袋の上部に穴を開けてつないだ水抜きホースは、洗濯ばさみで口を閉じておきます。ビニール袋とホースの接合箇所は、しっかりと漏水処理を施しているので、水が流れ出るのはホースの口からだけです。この状態で、ビニール袋の上から重りを載せていきます

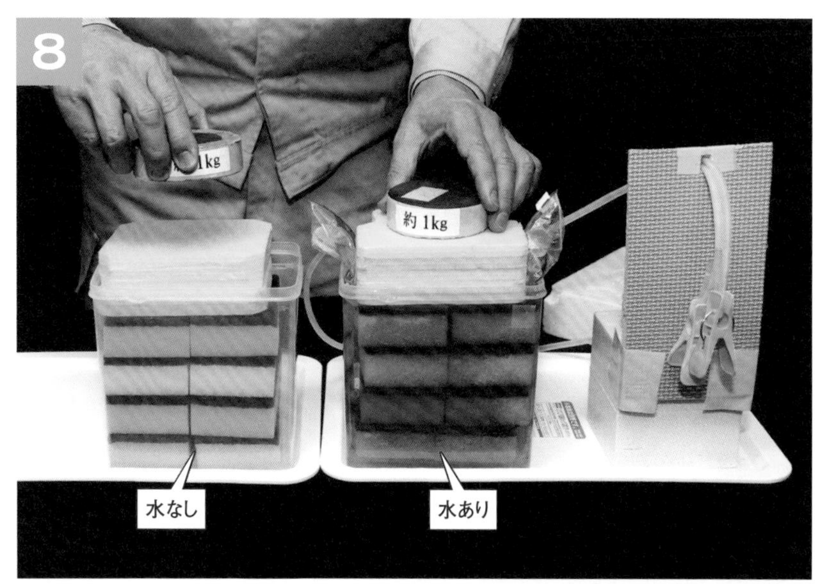

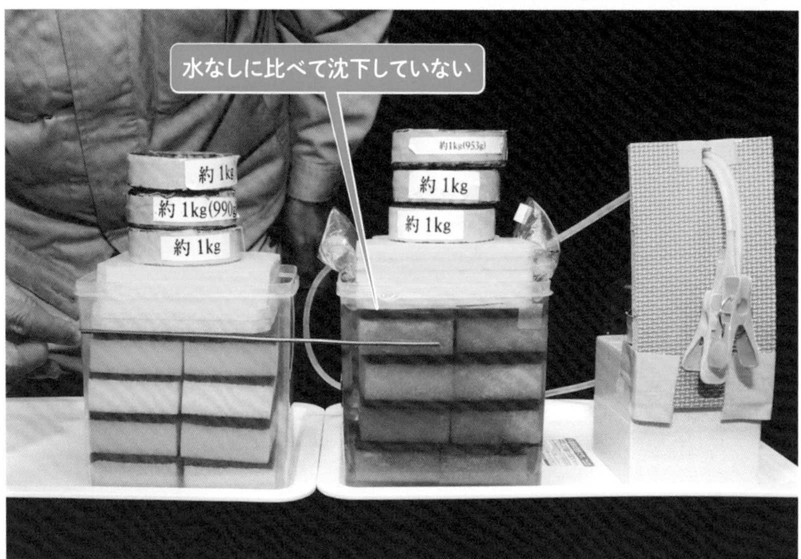

水が入っていない状態の模型(5の写真と同じ模型)を横に並べて、一緒に、重りを1個ずつ載せていきます。「水なし」と「水あり」それぞれの模型で、スポンジの層の動きに注目してください。重りを3個ずつ載せた状態で比べると、「水あり」は「水なし」より沈下していません。実際の地盤でも、水が抜けない状態なら沈下量は抑制される性質があります

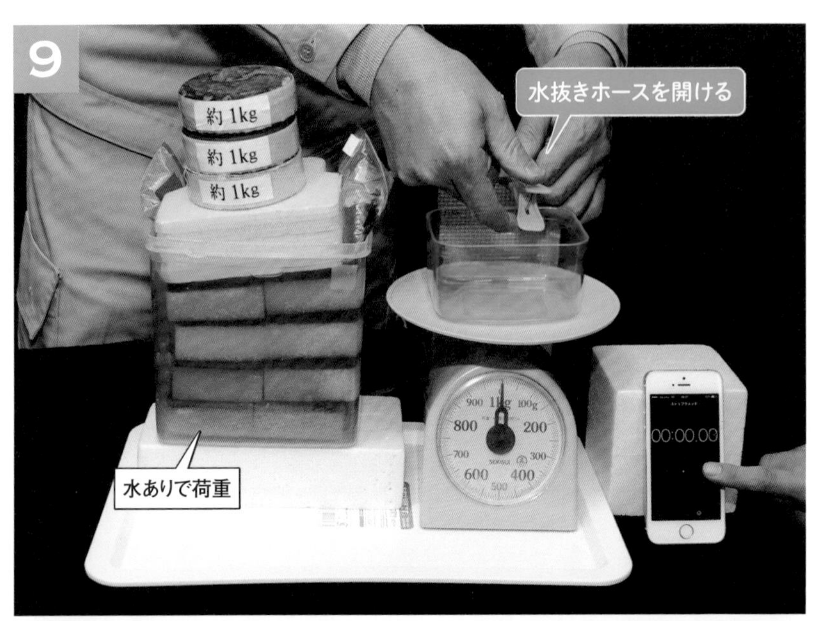

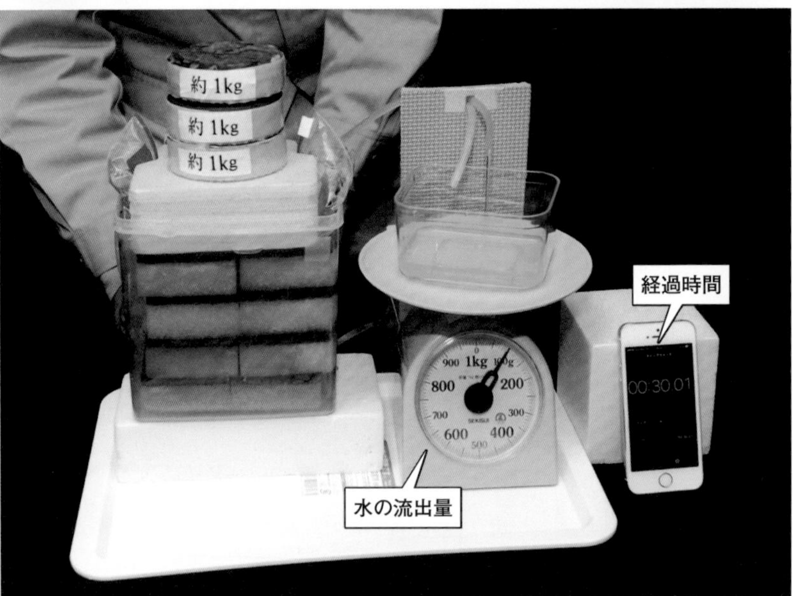

「水あり」の模型で水抜きホースを塞いでいる洗濯ばさみを外し、ビニール袋の中の水を抜きます。水の流出量をおおむね30秒ごとにグラム単位で計測して、その傾向を調べてみましょう

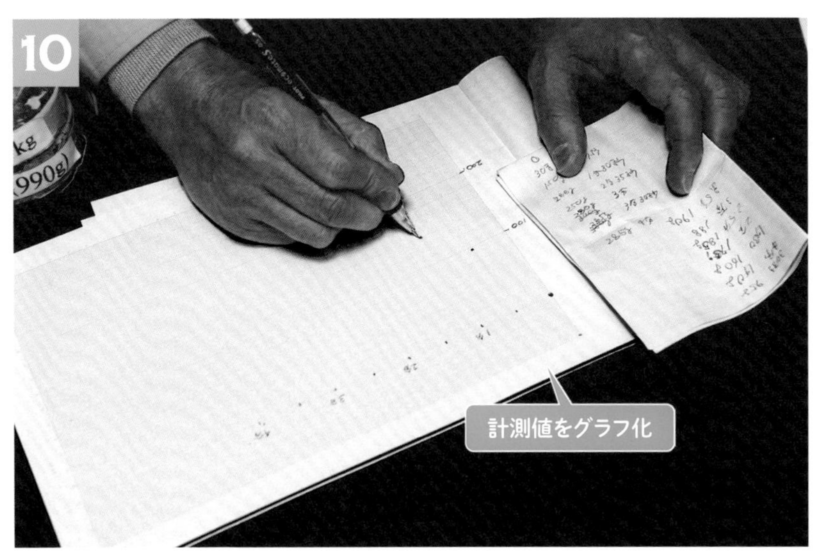

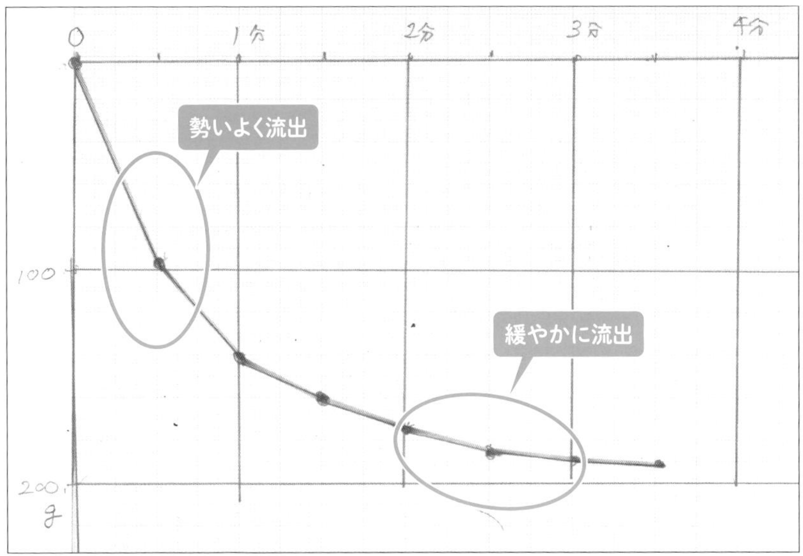

経過時間ごとの流出量をグラフ化してみます。縦軸の流出量は徐々に減っていますね。地盤(スポンジ)の沈下速度は、水が抜ける速度に影響を受けます。水を多く含んでいる状態での沈下速度は、土だけの状態(「水なし」の模型)よりも遅くなります

模型の構造とつくり方

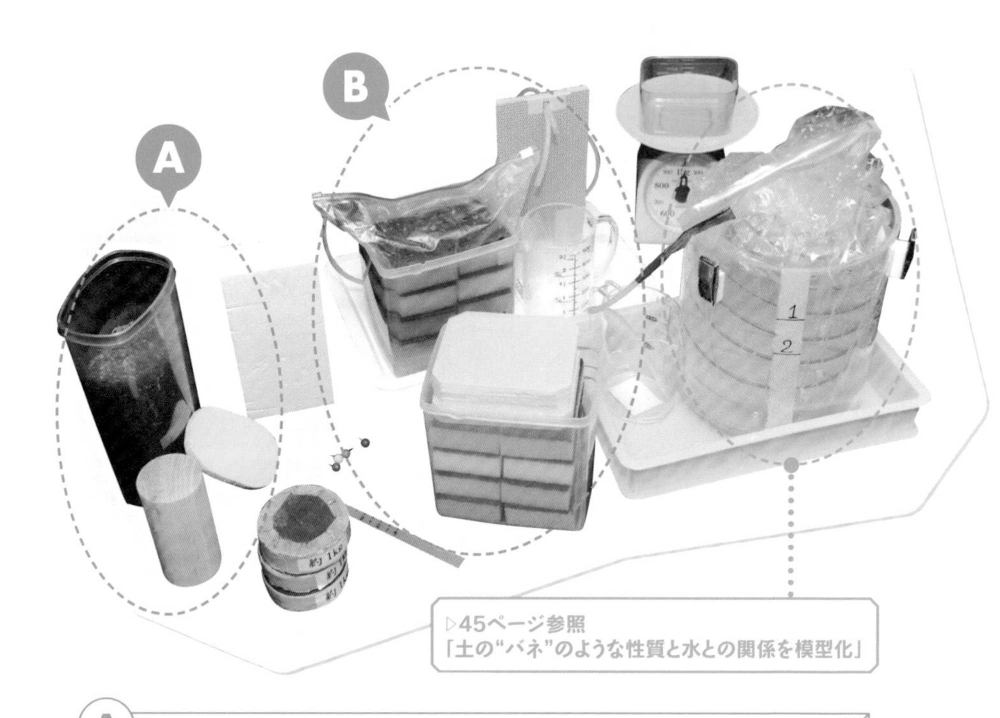

▷45ページ参照
「土の“バネ”のような性質と水との関係を模型化」

A

1～4の模型では、本物の土を使う。土質の異なる土を何種類か用意して比較すれば、バリエーション実験もできる。透明ポットは麦茶などの保存容器を使った。重り用の台座は適当な長さに切った木の棒。台座を土に載せる際、安定させるためにスチレンフォームの板を下敷きにする。記録用のスチレンブロックは、ホームセンターなどで手に入る。重りは鋼材を切ってつくった。

B

5以降の実演で、土に見立てたのは台所用のスポンジ。色違いで層が分かるように重ねる。タッパーは一般的な食品保存用で、スポンジの寸法に合わせて選ぶ。「水あり」の模型で使うビニール袋も一定の密閉性が確保できる食品保存用で、ファスナーで開閉できるタイプを使う。水抜きホースはビニールパイプで、ビニール袋との接続部は防水テープなどで止水しておく。

軟弱地盤の上に構造物などを構築する場合、圧密沈下を考慮しなければならない。必要に応じて、各種の杭工法やサンドコンパクションパイル工法（地中に締め固めた砂杭を構築）、深層混合処理工法（セメント系固化材による柱状・壁状改良）といった対策工事を実施する。

造成工事などでは、こうした地盤改良と併用する形で、盛り土によって沈下を促進し、沈下の終息を待ってから構造物などを建設するケースが多い。盛り土の載荷重で沈下を促すプレロード工法やサーチャージ工法などが代表例だ。こうした工法を用いる場合、「沈下の終息」をどのように見極めるかが、重要なポイントになる。

沈下速度を左右するのは間隙水

私が調査した例の1つを紹介する。敷地全体を盛り土造成したうえで、建物（店舗）自体は硬い岩盤に達する杭で沈下を防いでいる。しかし、屋外駐車場の沈下が想定以上に進んだ結果、当初は同じだった建物床面と駐車場の高さに、大きなずれが生じた。一見、スロープのように、アスファルト材をすり付けてしのいでいる。

沈下の終息を見誤った例といえるが、なぜこうした事態が起こるのか。

◆ ずれが発生したメカニズム

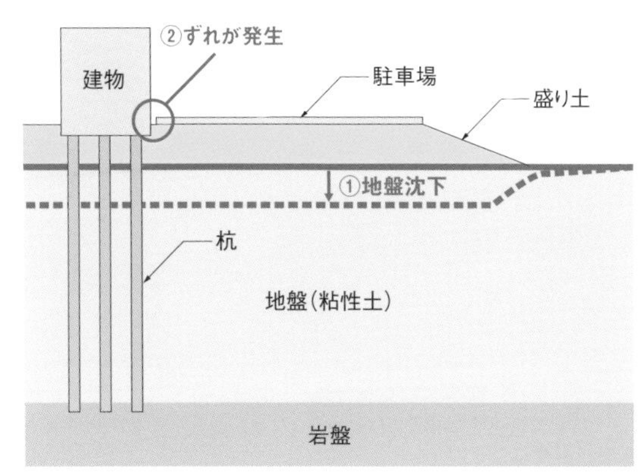

（出所：藤井基礎設計事務所の資料を基に日経クロステックが作成）

最もよく見られる原因は、地盤に含まれる水の抜け方にある。土粒子の集合体に含まれる間隙水だ。

地盤に含まれる水が抜けていくと、土という“バネ”が荷重で徐々に縮んでいく。これが圧密沈下のメカニズムだ。沈下速度は、地盤を構成する土質の透水係数によって違う。「模型の使い方と説明例」で紹介した「水あり」の模型（40ページの9）でいえば、透水係数の大小は水抜きホースの管径差に相当する。管が太ければ透水係数が大きく、細ければ小さい状態だ。

建物と駐車場に大きなずれが生じた現場の地盤は粘性土だった。つまり透水係数が小さい。沈下の終息に至る速度は相対的に緩やかだ。計画時に見込んだ速度で沈下が促進しなかったため、完成後も残留沈下が続き、建物と駐車場との間に段差が生じた。こうしたメカニズムが分かると、バーチカルドレーン工法などの「水抜き」による沈下促進策の仕組みも理解しやすくなる。

建物は硬い地盤に達する杭で沈下を防いでいたが、屋外の駐車場は盛り土の荷重による圧密沈下が想定以上に進行。完成後の残留沈下で、建物床面と駐車場との間に大きなずれが生じ、アスファルト材を後施工ですり付けている（写真:藤井基礎設計事務所）

土の“バネ”のような性質と水との関係を模型化

土粒子の集合体（＝地盤）は、荷重に対して“バネ”のように挙動する。その性質を抑制する役割を果たすのが、地盤に含まれる水（土粒子の間隙水）だ。太めの番線で作った文字通りのバネと透明な樹脂製容器による模型で、土のバネとしての性質と水が果たす役割をより分かりやすく説明する。

水を満たしたビニール袋にバネを入れて空気を抜いたうえで密封し、重りを載荷。袋には、スポンジの模型で使った袋と同じく水抜きホースが付いている。水が抜けない状態では、ビニール袋内の水圧（＝間隙水圧）が荷重を支えている。水圧が高い状態なので、水抜きホースを開くと勢いよく水が出る。

水が抜けるに従ってバネは縮んでいき、バネの反力が徐々に増える。それに応じて袋内の水圧は低下し、水の出の勢いは落ちていく。41ページの10に示した排水量のグラフは、そうした現象を表している。バネが限界まで縮んだ状態が「沈下の終息」だ。

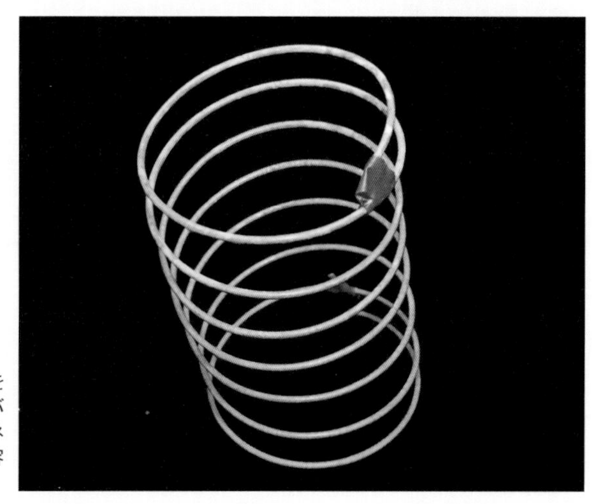

径5mm程度の鋼製番線を円筒に巻き付けてつくったバネを地盤に見立てる。バネの直径は、納める樹脂製容器に合わせて20cm程度

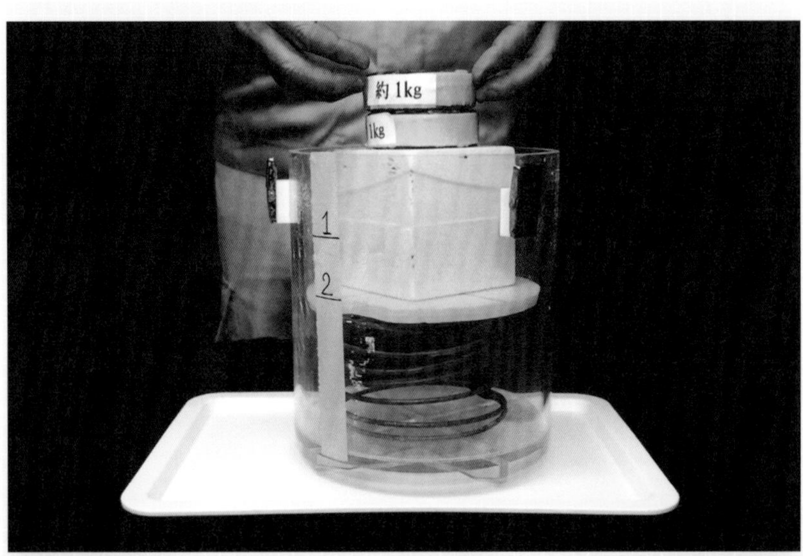

土の"バネ"としての性質を見せる模型で上は「水なし」、下は「水あり」の状態。「水あり」の模型で、水が抜けない状態では水圧が重りの荷重を受けている。水が抜けるに従ってバネの反力が水圧に代わって荷重を支え、その結果、水圧は低下するので水の出は徐々に減っていく

斜面に差し込む鉄筋の役割は？

鉄筋などを地山に多数差し込んでグラウトし、斜面を安定させる「地山補強土工法」。表層の中小規模の崩壊を防ぐために採用する事例が増えている。その効果は？

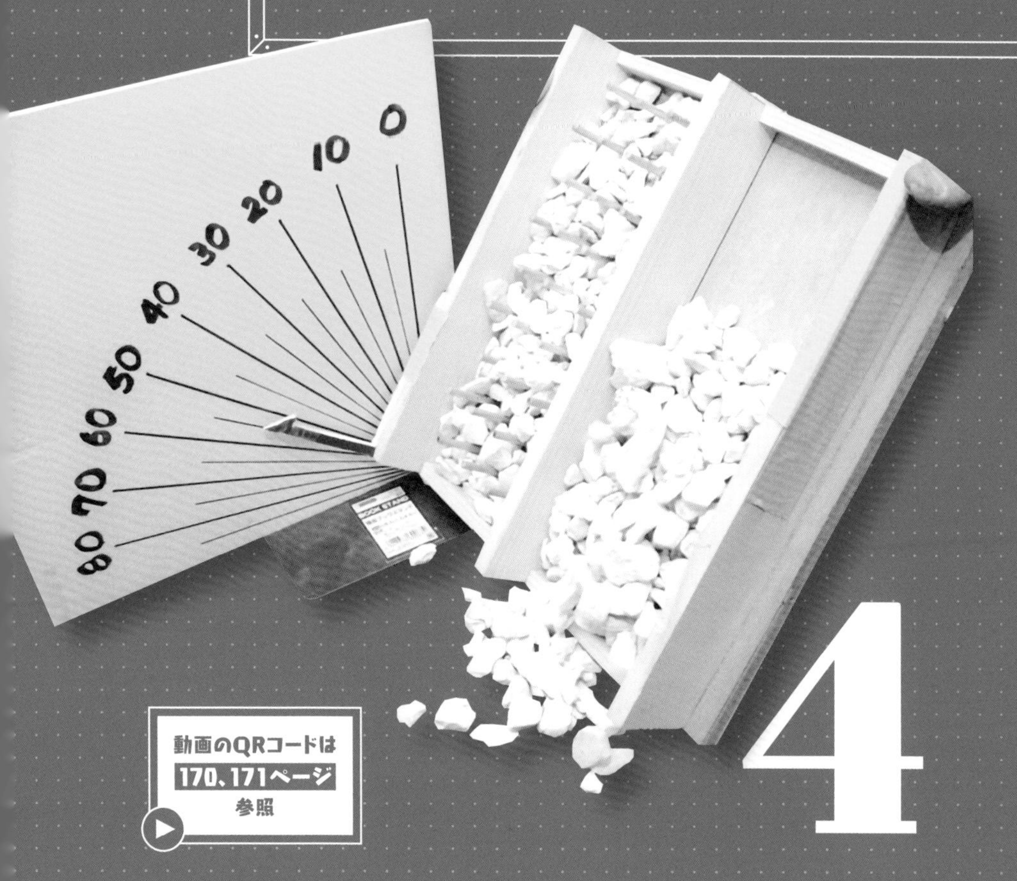

4

動画のQRコードは
170、171ページ
参照

模型の使い方と説明例

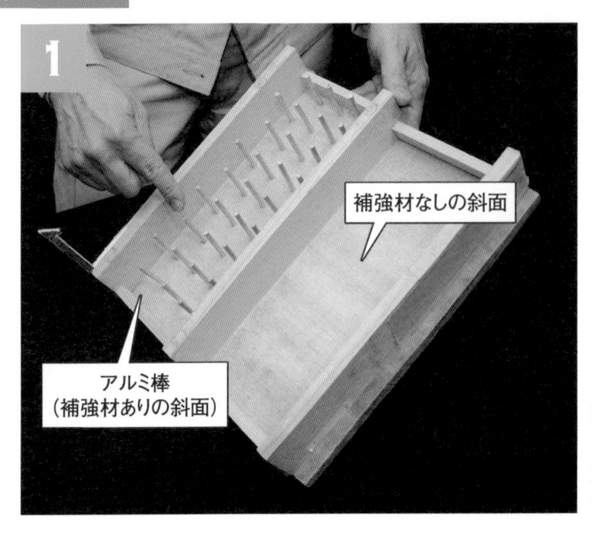

これは斜面の模型です。一方は木枠の中に鉄筋を何本も差し込んだ斜面、もう一方は鉄筋のない無対策の斜面です

斜面の表面付近は、土砂や割れ目の多い岩となっています。それを粗砂や砕石で再現します。まず、土砂に見立てた直径3mmの粗砂を、木枠の中にすり切りいっぱい敷き詰めます。この状態で斜面の傾斜角は0度です

木枠を少しずつ立ち上げていきます。斜面がどれくらい傾いたときに、粗砂が崩れるでしょうか

鉄筋のない斜面で粗砂が崩れました。傾斜角は40度です。この時点で、鉄筋のある斜面の粗砂はまだ崩れていません。粗砂が崩れ落ちるのを鉄筋が防いでいるのです

さらに立ち上げてみましょう。傾斜角が50度に達したとき、鉄筋のある斜面でも粗砂が崩れました

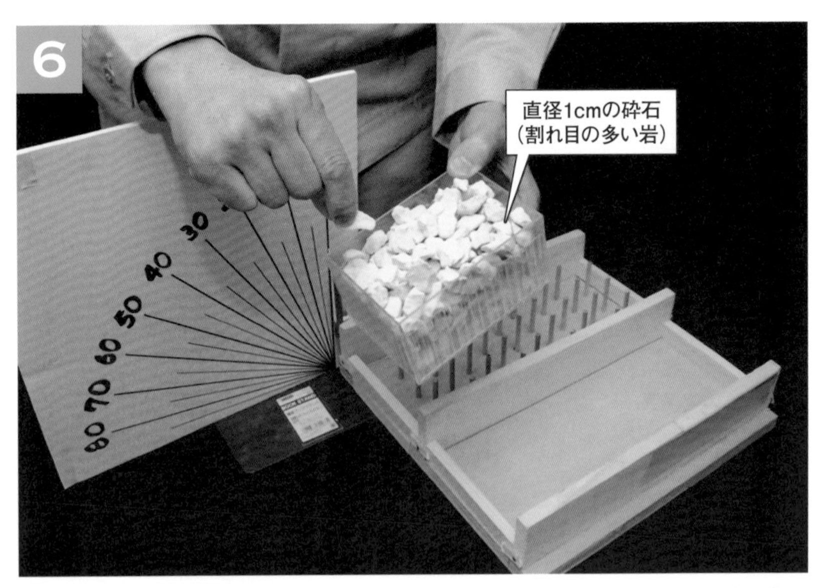

次に、割れ目の多い岩に見立てた直径1cmの砕石を先ほどと同様、木枠の中に敷き詰めます。鉄筋の間隔は同じです

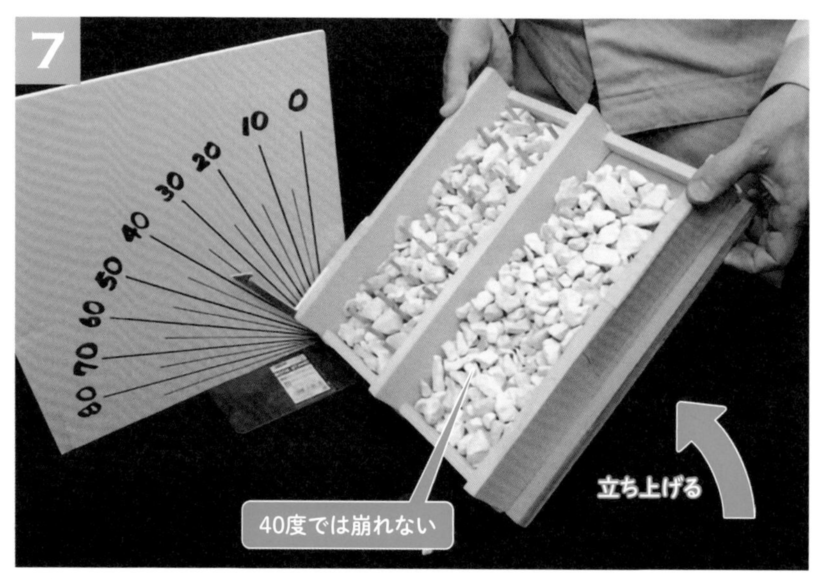

40度まで立ち上げてみましたが、砕石は崩れません

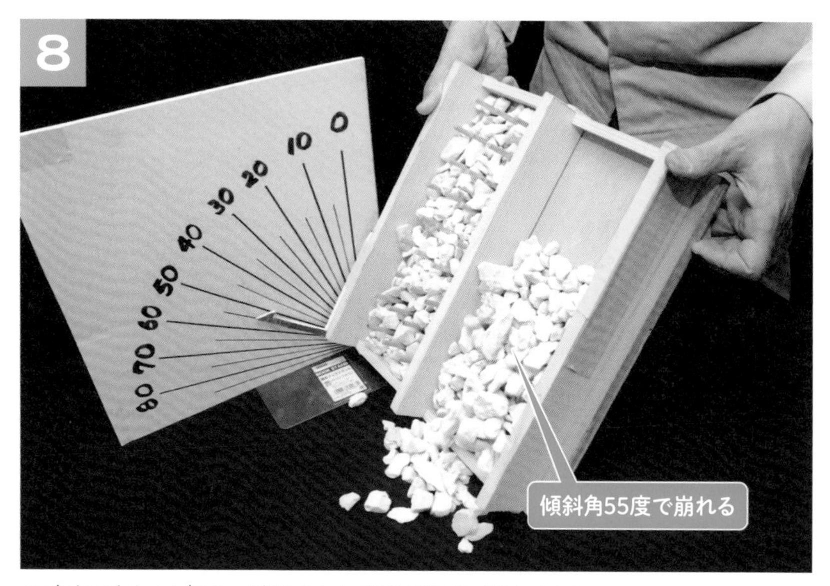

55度まで立ち上げると、鉄筋のない斜面で砕石が崩れました

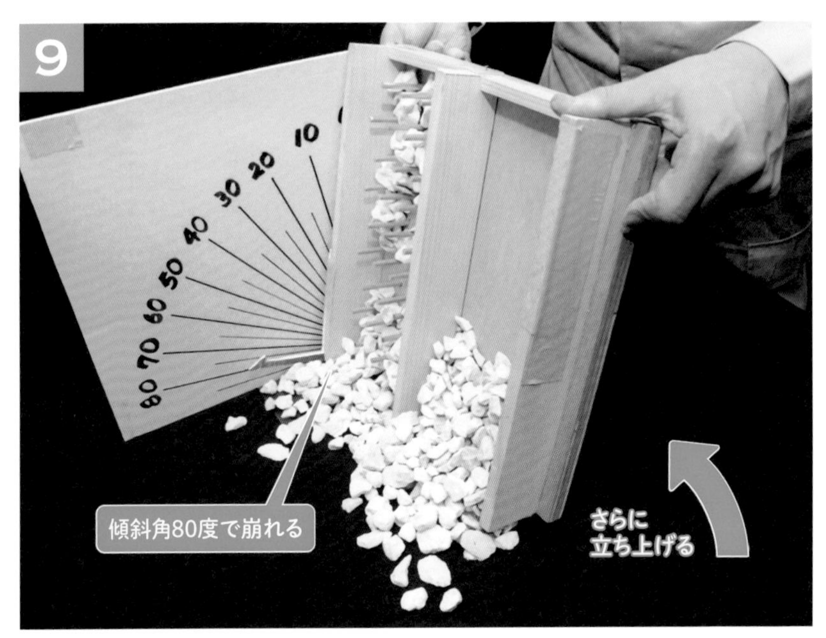

さらに、立ち上げます。80度まで立ち上げたとき、鉄筋のある斜面で砕石がようやく崩れました

	砂	砕　石
鉄　筋 な　し	40°	55°
鉄　筋 あ　り	50°	80°

結果をまとめます。斜面に鉄筋を差し込むと、崩壊が起こりにくくなります。さらに、最適な鉄筋の間隔は、地盤の粒子の大きさに関係していることが分かります

模型の構造とつくり方

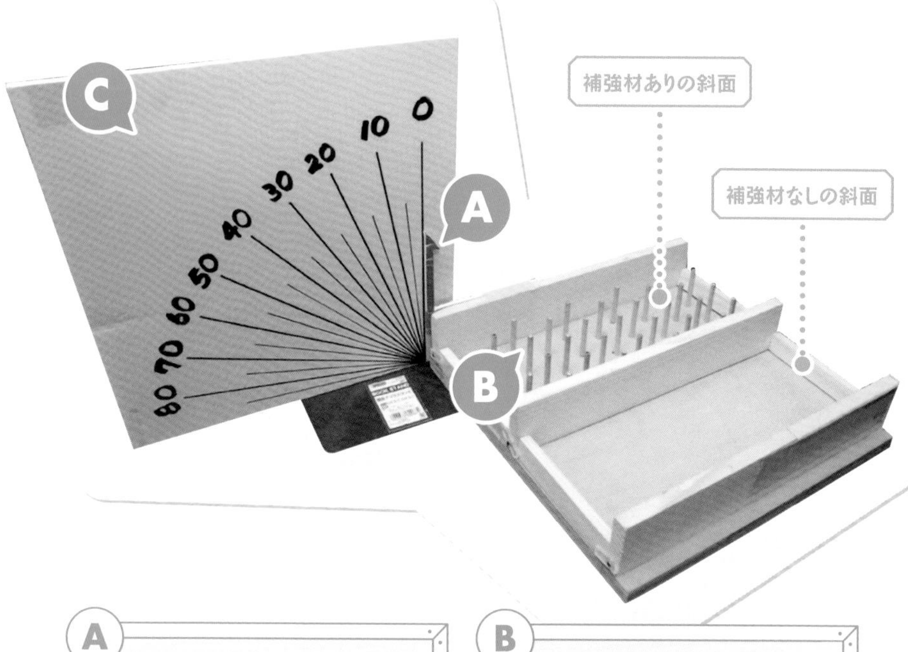

A
斜面の傾斜角が分かるように、スチレンボードで作った矢印を木枠に固定する

B
補強材を模した長さ5cmのアルミ棒を千鳥配置で差し込む

C
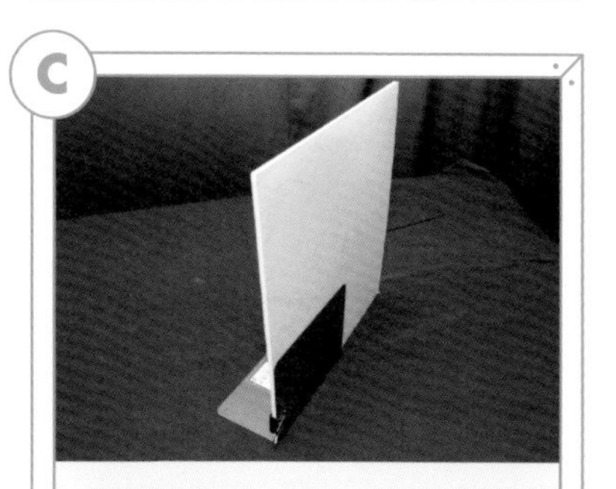
角度を記したスチレンボードは、クリップでブックスタンドに固定する

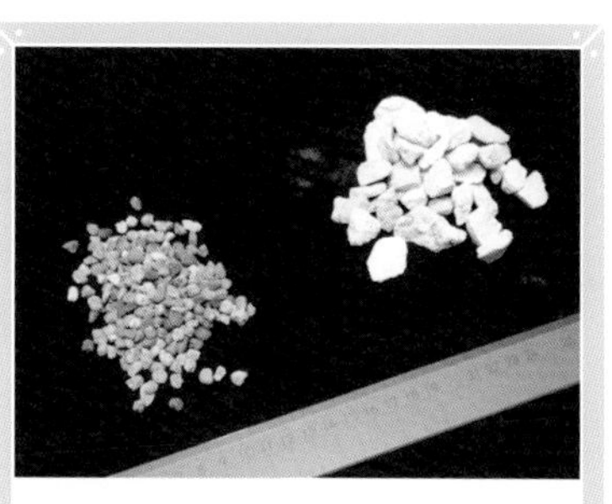
土砂を模した直径3mmの粗砂（左）と、割れ目の多い岩を模した直径1cmの砕石。それぞれで崩壊角を比較した

説明で伝えるポイント

地山補強土工法は、鉄筋や繊維強化プラスチック（FRP）製ロッドなどの補強材を地山に差し込み、切り土法面や自然斜面の自立性を高める。法枠などと組み合わせることも多い。大掛かりな擁壁を構築するのと比べて、自然の改変を最小限にとどめ、手軽に施工できる。

しかし、同工法は擁壁などと比べ、一般の市民にとって整備の効果が分かりにくい。補強材の有無や間隔で斜面の崩れやすさがどう変わるのかを、実験で伝える。また、斜面の断面模型を使う方法もある。

地山補強土工法を施した切り土法面。斜面の安定に加え、降雨時や地震時の崩壊を防ぐ効果もある

移動土塊を模したナットに、補強材に見立てた赤いテープを貼る。木枠を立ち上げてもナットは崩れない

補強材の太さや長さ、間隔は円弧滑り法による安定計算で決める場合が多い。滑り面に沿って土塊が動くと、補強材に引張力が作用する。引張力は滑り面と平行の「引き止め力」と、滑り面と直角の「締め付け力」に分けられる。補強材によるこれらの抑止力と土塊の滑り抵抗力の和が、土塊の滑動力を上回るようにすればよい。計算上は補強材を太く、長くすれば、1本でも大きな引張力に耐えられるので、配置間隔を広げられることになる。

ここで、先の実験結果を思い出してほしい。斜面の表面付近が粒子の小さい土砂の場合、補強材の間隔が広すぎるとアーチが形成されず、補強材が十分に機能しない。

東日本・中日本・西日本高速道路会社の「切土補強土工法設計・施工要領」では、2m^{2}に1本程度が適当だとして、補強材の最大間隔を1.5mと定めている。岩盤などに適用する場合に限り、同間隔を2mまでと認めている。

逆に、補強材の間隔が狭すぎると、互いに干渉して十分な補強効果を得られなくなる。「群効果」と呼ぶ現象だ。同要領では、補強材の最小間隔を1mと定めている。

◆ **円弧滑り法による安定計算**

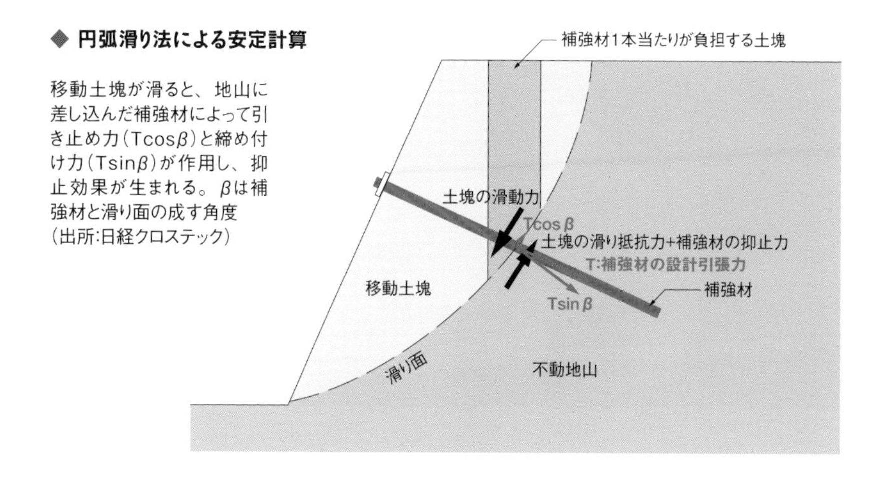

移動土塊が滑ると、地山に差し込んだ補強材によって引き止め力（Tcosβ）と締め付け力（Tsinβ）が作用し、抑止効果が生まれる。βは補強材と滑り面の成す角度（出所:日経クロステック）

隙間があっても斜面崩壊を防ぐメカニズム

斜面に差し込んだ鉄筋などの補強材は、一定の隙間が空いているにもかかわらず、斜面の崩壊を防げるのはなぜか。

その答えは、崩れ落ちる地盤の粒子をナットで再現した模型で確かめられる。木枠の中に紙を敷き、補強材を模した直径2cmの丸いフェルトシートを等間隔で紙に貼り付ける。丸いフェルトシートは、床を傷付けないように椅子などの脚に取り付ける商品として市販されている。

フェルトシートの上側にナットを敷き詰め、木枠を徐々に傾けていく。フェルトシートを5cm間隔で横一列に配置した場合と、千鳥で上下2段に配置した場合は、一部のナットがフェルトシートの隙間から下に滑り落ちるものの、フェルトシートを支点とするアーチが形成され、それよりも上にあるナットは落下しない。

一方、フェルトシートを10cm間隔に広げて配置した場合はどうか。同様に木枠を傾けると、アーチは形成されず、大部分のナットは落ちてしまう。地盤の粒子の大きさと比べて補強材の間隔が広すぎると、補強材が十分に機能しないことを意味している。

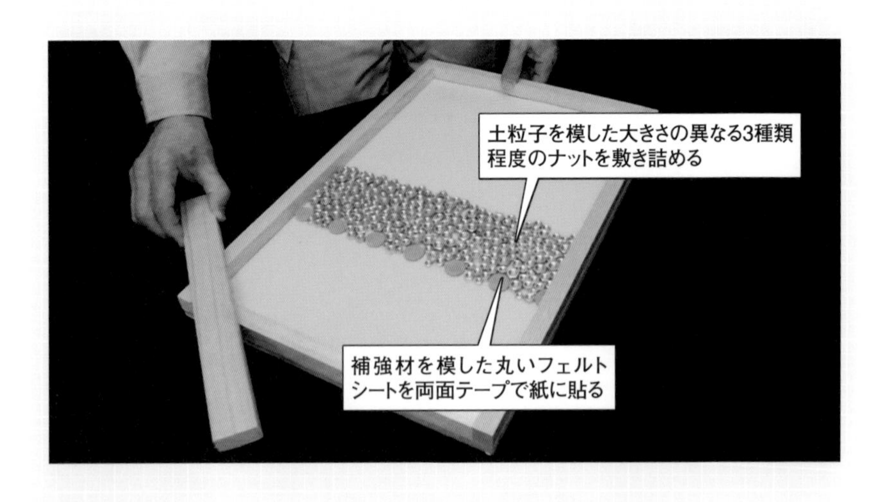

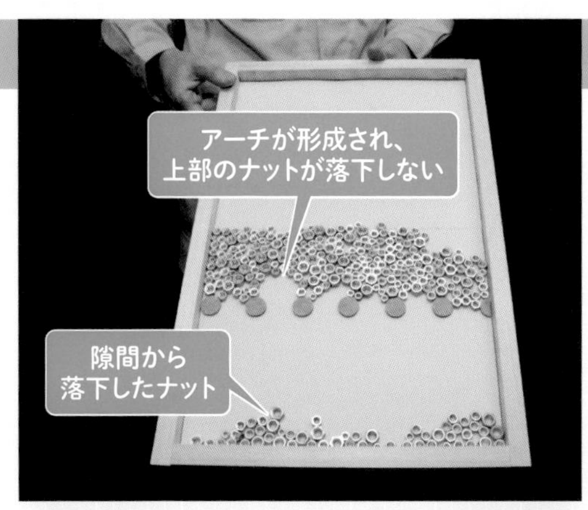

補強材に見立てたフェルトシートの間にアーチが形成され、上部のナットはほとんど落ちない

フェルトシートを上下2段に配置すると、落下するナットの数はさらに少なくなる

フェルトシートの間隔が広すぎてアーチが形成されず、大部分のナットが落下する

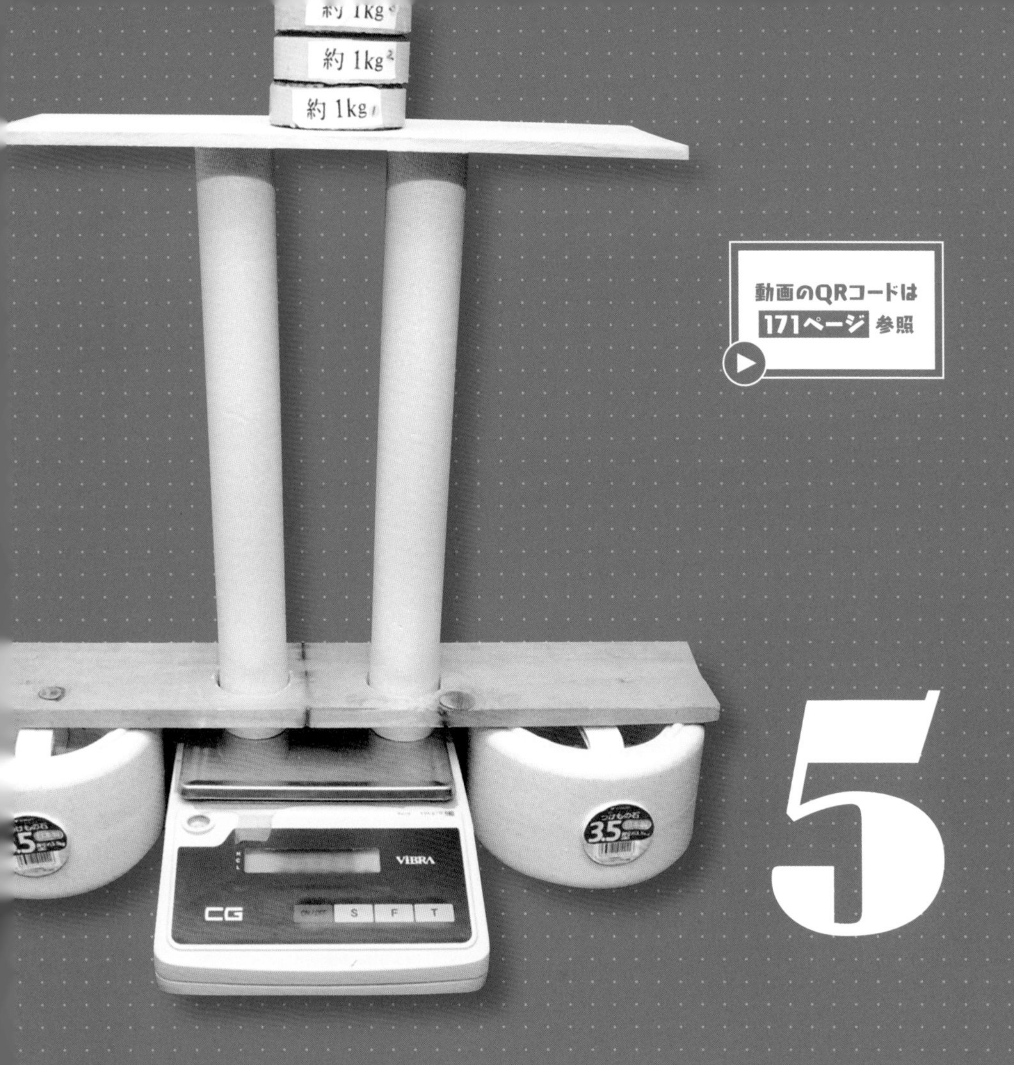

動画のQRコードは
171ページ 参照

5

杭に働く力とは？

杭は構造物を支える“縁の下の力持ち”だが、目に見えないだけに多くの市民にとってその役割は分かりにくい。杭の挙動やどのような力が作用しているのかを模型で説明する。

模型の使い方と説明例

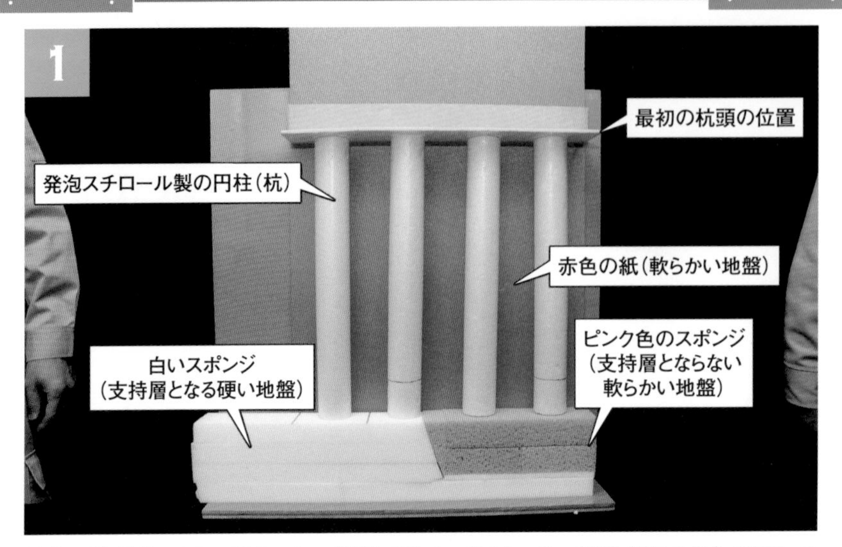

地中の杭がどのように動くのか、模型で見ていきましょう。基岩を表す白色の硬いスポンジとピンク色の軟らかいスポンジの上に、青い円柱で表した杭が立っています。杭の上端は構造物の底面で、白やピンクのスポンジとの間には軟らかい地盤があると考えてください

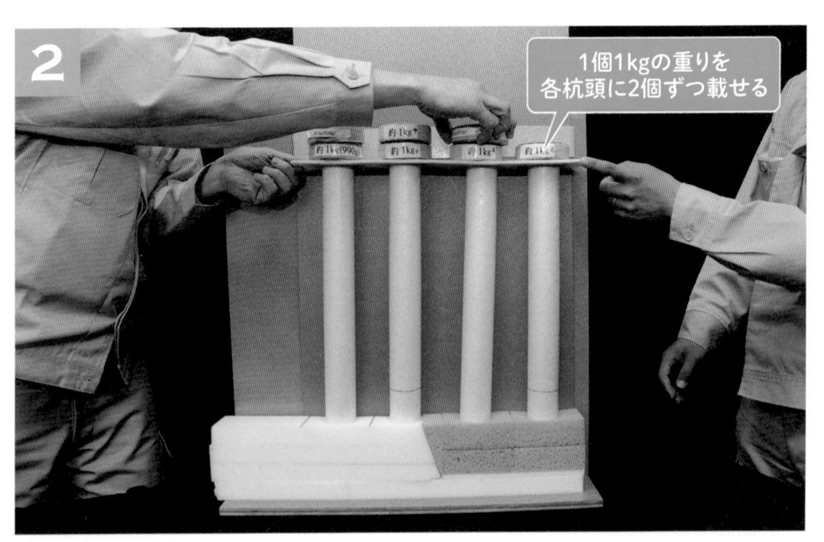

杭の上端に置いたスチレンボードの上に、構造物の荷重として1個1kgの重りを各杭に2個ずつ載せていきます

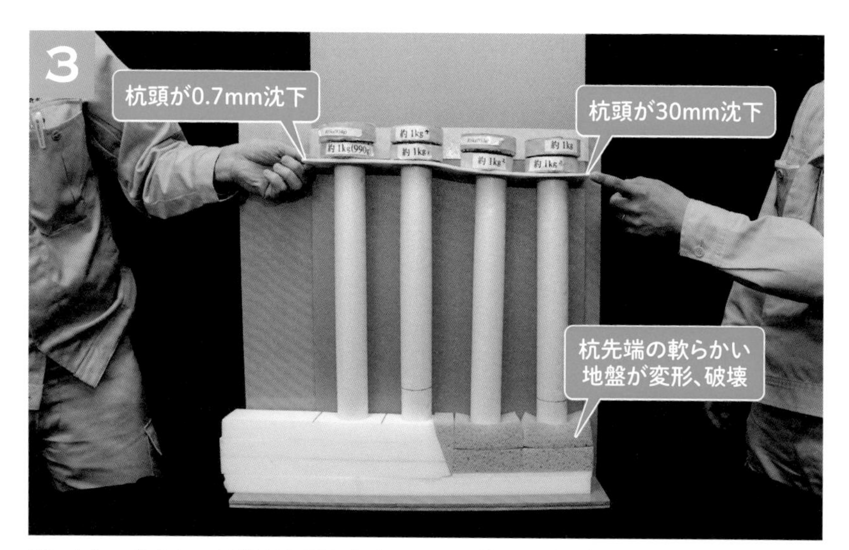

ピンク色の軟らかい地盤は圧縮しやすいので、杭の上端が30mm沈下しました。一方、白色の硬い地盤で支えられた杭は0.7mmしか下がりません。地盤の縮み方の違いによって、沈下量に差が生まれたのです。「不同沈下」と呼ぶ状態で、構造物は傾いてしまいます

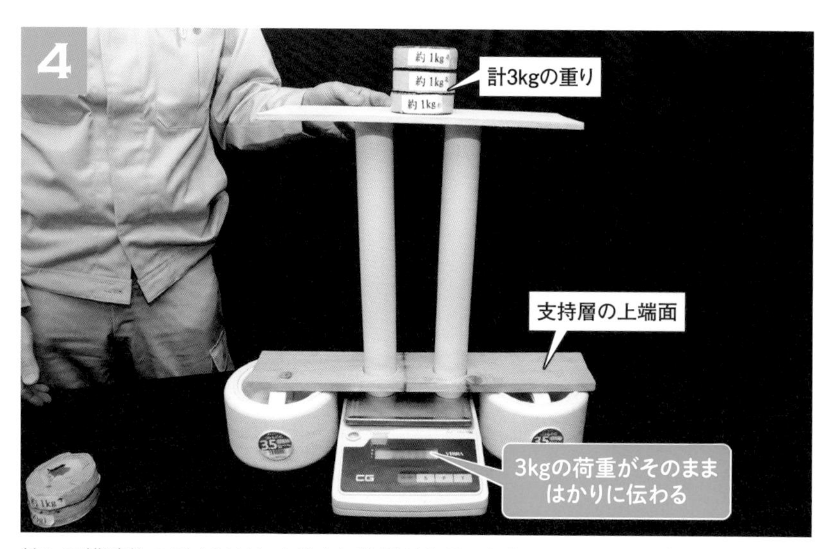

杭には構造物の重さ以外にも様々な荷重が作用します。そのことを、杭の下にはかりを置いた別の模型で説明します。はかりの数値は、杭の下端で支持層に伝える力を表します。まず、杭の上端に計3kgの重りを載せます。はかりの数値は約3kgです

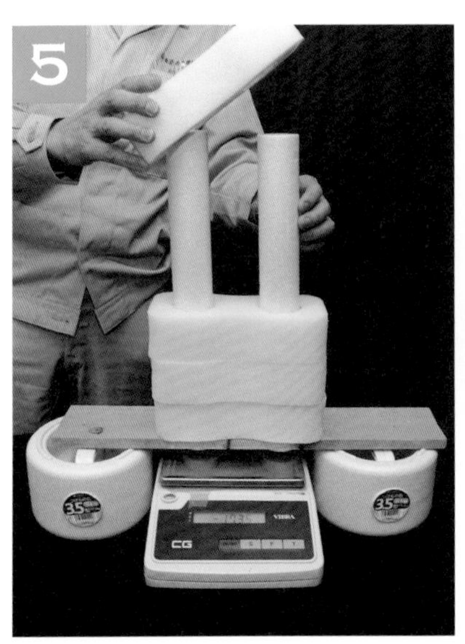

次に、杭に黄色いスポンジを取り付けます。構造物と支持層との間にある軟らかい地盤を表したものです。模型を置いた状態で、はかりの目盛りを「0」に設定しておきます

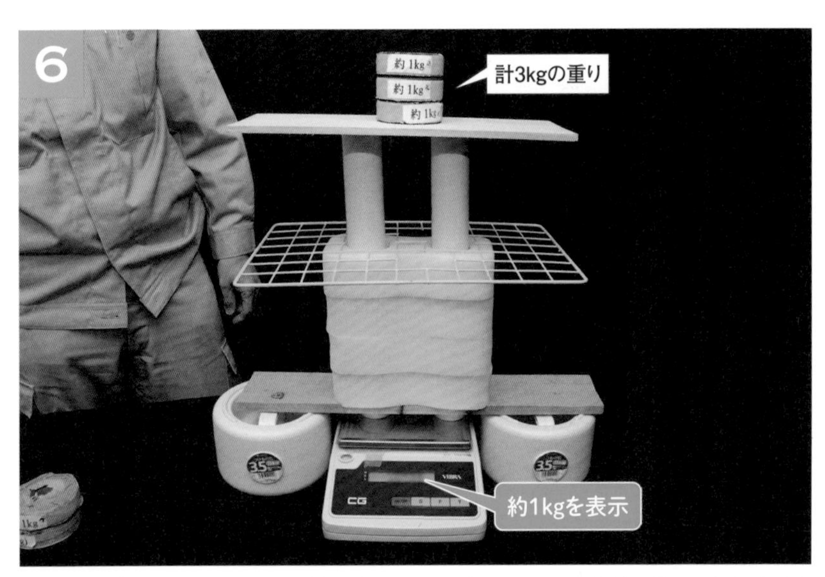

先ほどと同様に計3kgの重りを載せます。この時、はかりの数値は約1kgしかありません。杭が下がる際、黄色いスポンジとの間に約2kgの摩擦力が発生したためです

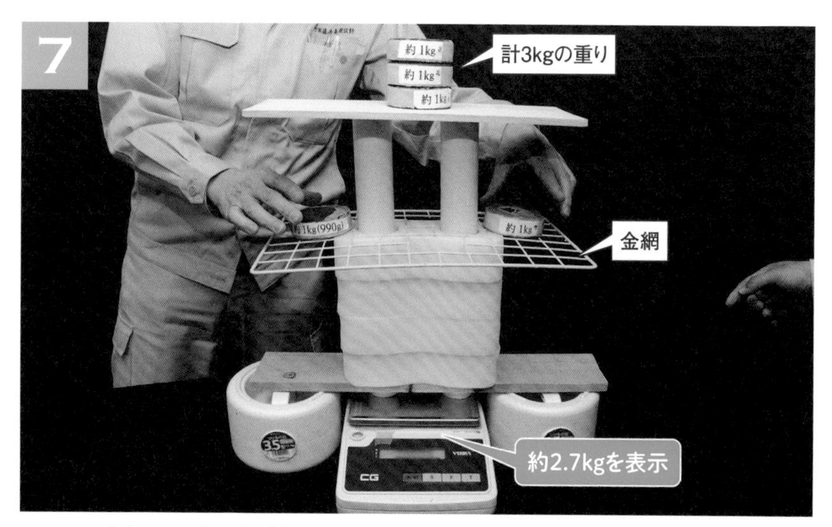

ここで、黄色いスポンジで模した軟らかい地盤に造成盛り土を施した状態を再現します。金網をスポンジの上に載せて、その上に計2kgの重りを置くと、スポンジが縮みます。軟らかい地盤が造成盛り土により圧密沈下した様子を再現できます。はかりの数値が約2.7kgに増えました。下向きに約1.7kgの「ネガティブフリクション」と呼ぶ摩擦力が杭に加わったのです

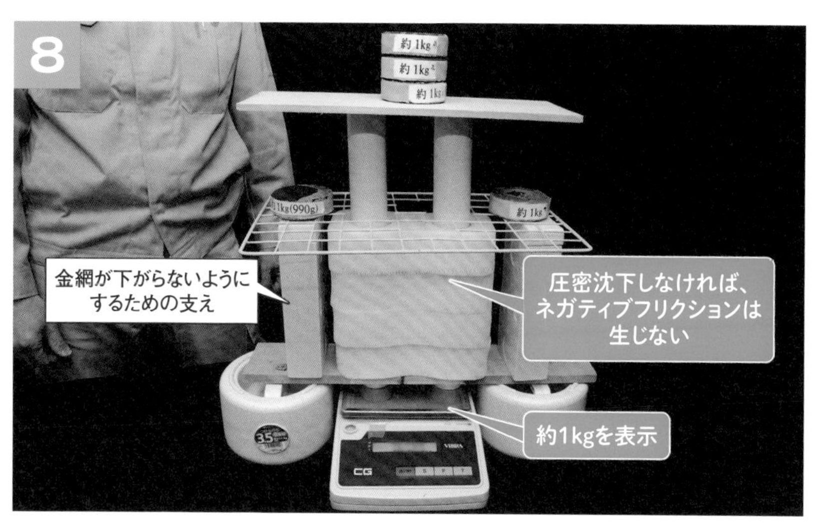

ちなみに、同じ2kgの重りを載せても地盤が圧密沈下しなければ、ネガティブフリクションは生じません。黄色いスポンジの両側に支えを設けて重りを載せると、はかりの数値は約1kgのままです

模型の構造とつくり方

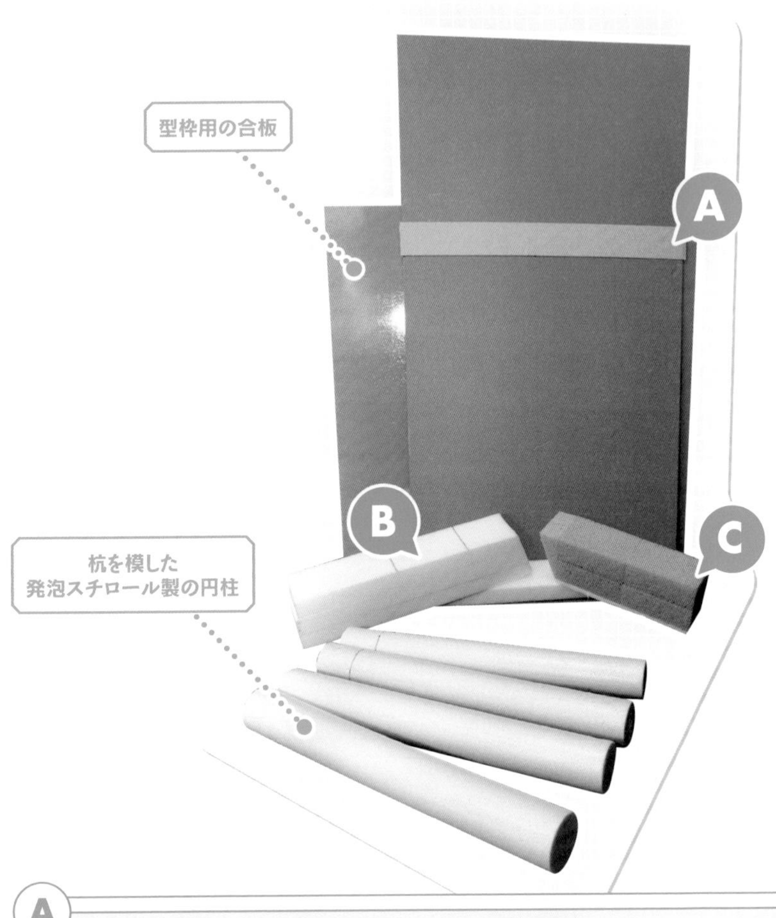

A 赤い紙に黄色のテープを貼り、最初の杭頭の位置を示す

B 支持層に見立てる硬めのスポンジ。清掃研磨用のメラミンスポンジなどを使う

C 軟らかめのスポンジを支持層とならない地盤に見立てる

D

デジタルはかりを使って、杭の先端支持力を計測する

E

木製の板を支持層の上端面に見立てる。杭を通す穴を2カ所、杭径よりもやや大きく切り抜くことで、杭が実験中にずれたり、傾いたりしないようにする

F

軟らかい地盤を模したスポンジ。杭を通す穴を杭径よりもやや小さく開けておく

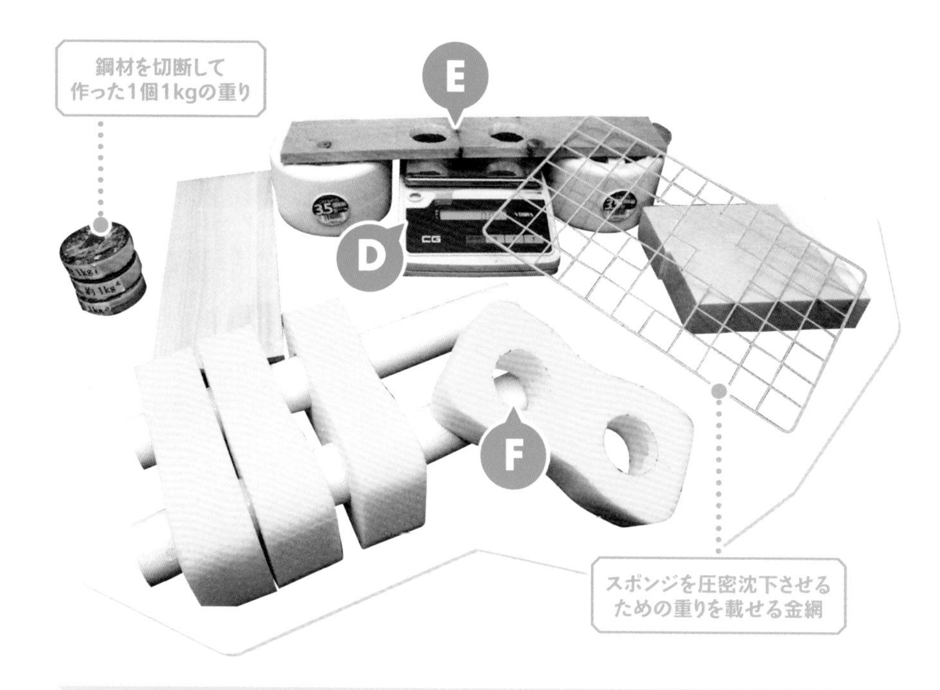

複数の種類のスポンジを使って、硬い地盤や軟らかい地盤を表現する。黄色いスポンジは洗車用に販売されているもので、開ける穴の直径を杭径よりもやや小さくしておくのがポイントだ

説明で伝えるポイント

基礎杭の施工不良がもたらす影響は大きい。例えば、三井不動産レジデンシャルが2006年に販売した705戸の大規模分譲マンション「パークシティ LaLa 横浜」では15年10月、4棟のうち1棟で、52本ある杭のうち10本の施工データを改ざんしていたことが発覚。6本が支持層に到達しておらず、2本が支持層への根入れ不足となっていた。住民が棟間の渡り廊下の手すりが上下に2cmほどずれているのを見つけたことが発端となった。

同マンションでは17年4月から解体工事が始まった。4棟全ての建て替えが21年2月に完了した。

杭が支持層に届いていないと、何が起こるのか——。実際に起こったトラブルの事例などを紹介しながら模型実験を披露すると、市民の関心は一層高まる。

◆ パークシティLaLa横浜の杭の平断面図

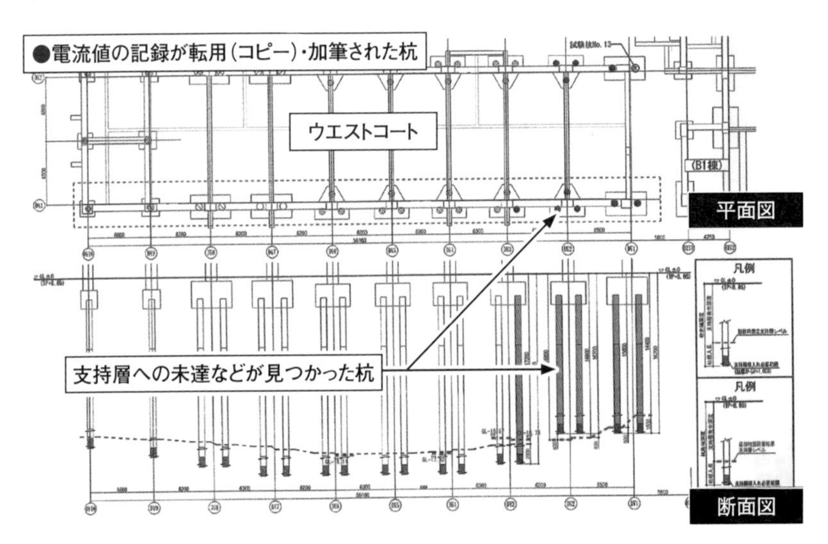

赤色で示す杭は、支持層に到達していないか根入れが不足している。先端に鋼製羽根が付いたコンクリート既製杭を、プレボーリング拡大根固め工法で施工していた
(出所:三井不動産レジデンシャルの資料に日経クロステックが加筆)

✂ 周面摩擦力の役割は？

実験の後半では、土木や建築を専攻する学生などに向けて、杭の周面摩擦力を紹介した。

支持層の上にある軟弱層が圧密沈下すると、杭を引きずり下ろそうとするネガティブフリクション（負の摩擦力）が働く（圧密沈下の模型は61ページの **4** 以降を参照）。杭には構造物の重さに加えて余分な力が働くので、杭先端地盤の破壊や杭体の損傷につながりやすい。杭の周囲にアスファルトなどの潤滑材を塗布して、地盤との摩擦を低減するといった対策も説明すれば、学生の理解が深まる。

さらに、杭には押し込み力だけでなく、引き抜き力が作用することもある。例えば、構造物が水平力や浮力を受ける場合だ。

杭の周面摩擦力は、杭の引き抜きを防ぐうえで大きな役割を果たす。マンションの例とは逆に、支持層の位置が事前の想定よりも浅いからといって杭を短くすると、周面摩擦力が不足して引き抜きに抵抗できない恐れがある。実験を通して、こうした話題を提供することも可能だ。

◆ 杭に引き抜き力が作用するケース

[水平力が加わる場合]

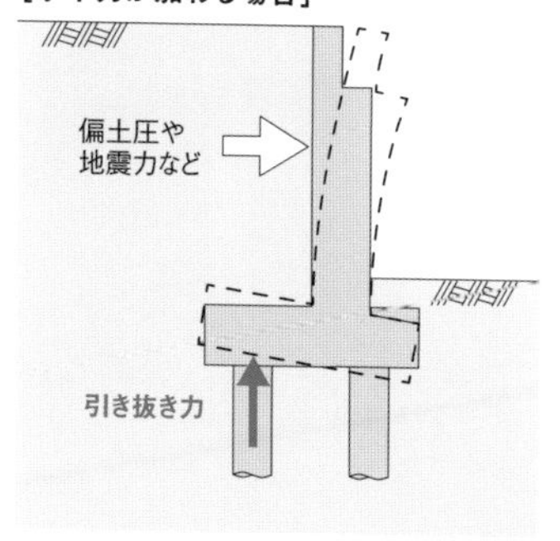

[浮力が加わる場合]

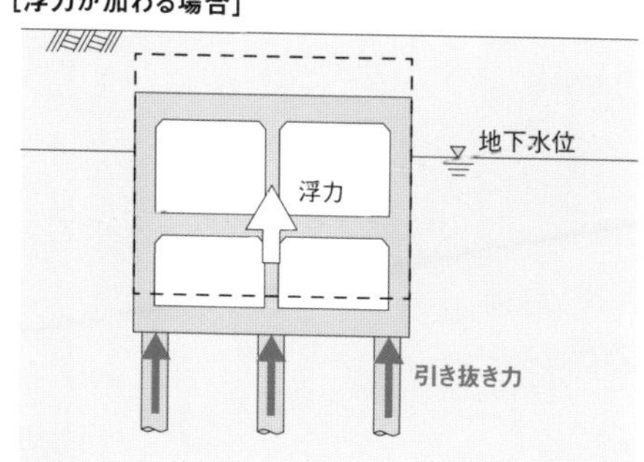

送電線の張力が水平方向に加わる鉄塔なども、杭に引き抜き力が作用しやすい
(出所:日経クロステック)

杭先端にある地盤の破壊を再現

杭の鉛直方向の支持力は、「先端支持力」と「周面摩擦力」の合計で決まる。前者は杭先端の地盤の強さによって杭を下から支える力で、1～3の実験で取り上げた。後者は、杭の側面と周辺の地盤との間に生じる摩擦力によって杭を支える力で、4～8の実験で示した。杭径と杭の施工方法が同じであれば、杭先端や周辺の地盤のN値が大きいほど、大きな支持力や摩擦力を発揮しやすい。

杭が硬い支持層に到達せず、設計で想定した先端支持力を発揮できない場合を考えてみよう。1～3の実験で、ピンク色の軟らかい地盤に載せた杭の状態だ。この時、軟らかい地盤では弾性的な変形に加え、地盤の破壊も起こっている。

破壊が進む様子は、パスタを使った模型で観察できる。先の実験でピンク色の軟らかいスポンジで表現した地盤を、土粒子に見立てたパスタで置き換える。太さの異なるパスタを3種類ほど用意し、長さを20cm程度に切りそろえて積み上げる。パスタの中にまち針を並べて刺しておくと、

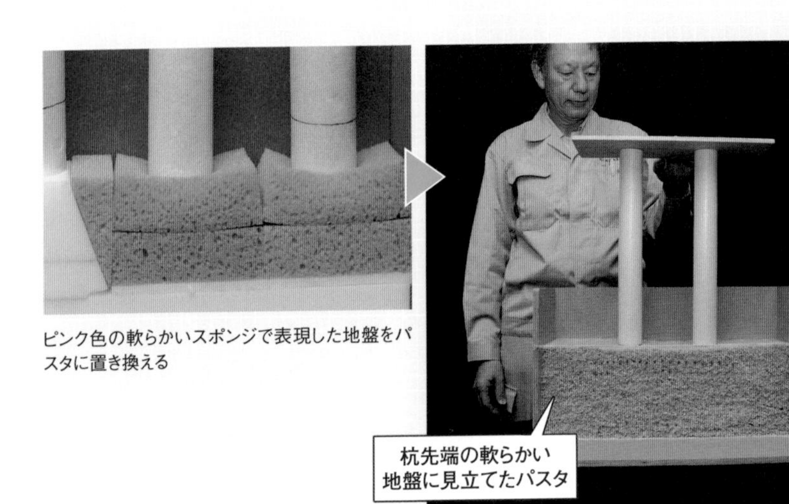

ピンク色の軟らかいスポンジで表現した地盤をパスタに置き換える

パスタの動きが分かりやすい。

パスタ上の杭に重りを載せると、杭が沈下する。パスタは杭先端から左右に延びる円弧状の滑り面に沿って大きくずれる。「テルツァーギの支持力公式」で想定する滑り面だ。地盤の支持力は、滑り面の形状と滑り面における地盤のせん断抵抗力で決まることが分かる。

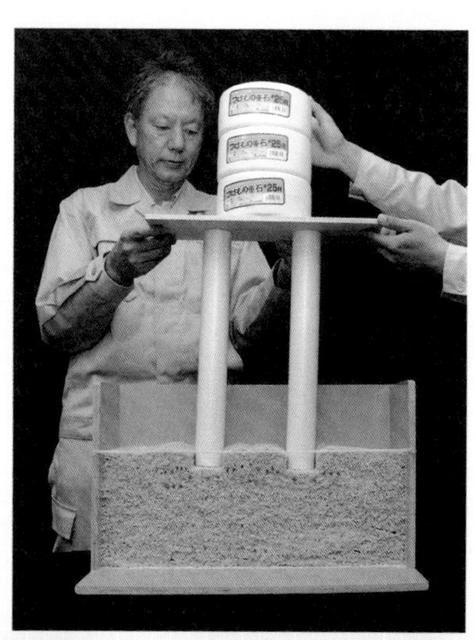

計10kgの漬物用の重しを杭の上部に載せると、杭先端が6cmほど沈下。パスタは円弧状の滑り面に沿ってずれ動き、地盤が破壊する様子が分かる

アンカー定着部に働く力とは?

動画のQRコードは
172ページ 参照

斜面崩壊や地滑りの対策などに幅広く使われるグラウンドアンカー。工法によって定着部のグラウト材に作用する力が大きく異なることを模型で解説する。

模型の使い方と説明例

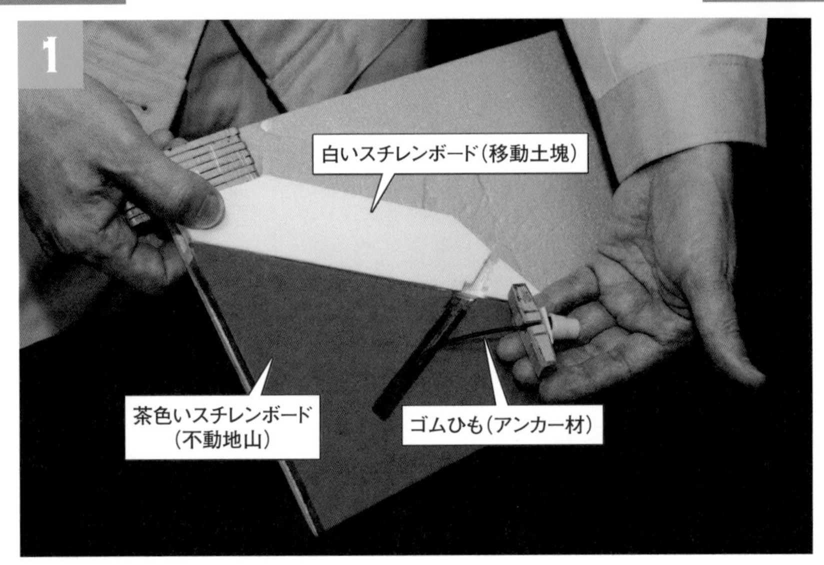

これはゴムひもで作ったアンカーの模型です。茶色い部分が動かない地盤、白い部分が動く地盤です。ゴムひもの先端は茶色い地盤に固定されています

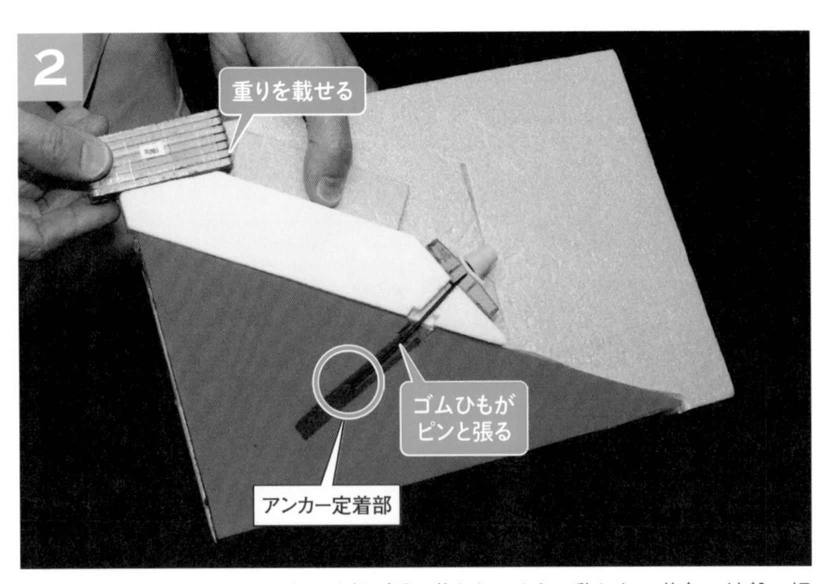

ゴムひもの引張力によって、白い地盤が滑り落ちないように動かない茶色い地盤へ押し付けています。これがアンカーの役割です。このパートでは、ゴムひもを茶色い地盤に固定する「アンカー定着部」にどのような力が働くのか見ていきましょう

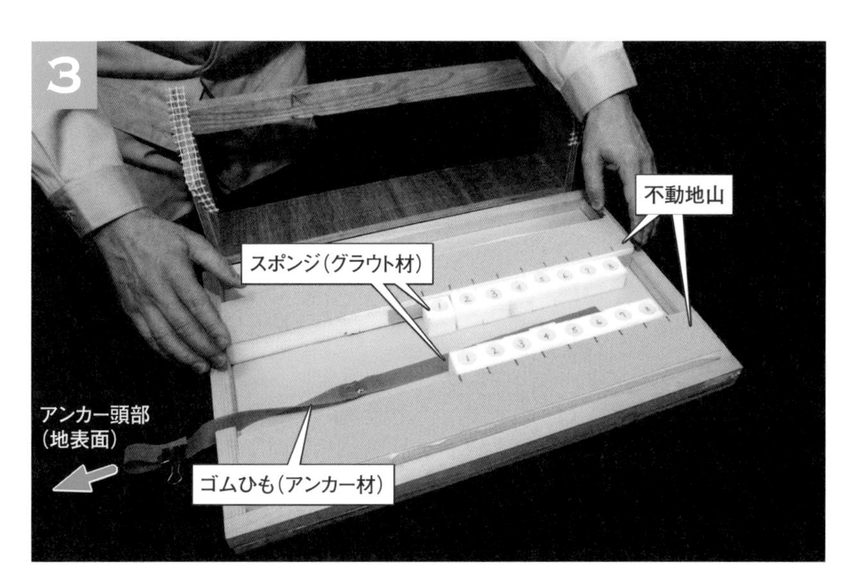

これがアンカー定着部の模型です。ピンク色の動かない地盤をボーリングマシンで削孔した後、アンカー材(ここではゴムひも)を挿入します。さらに、アンカー材と地盤との空隙を埋め、アンカー材の引張力を地盤に伝えるために、セメントミルクなどのグラウト材を加圧注入します。ここではグラウト材を模した白いスポンジを並べます

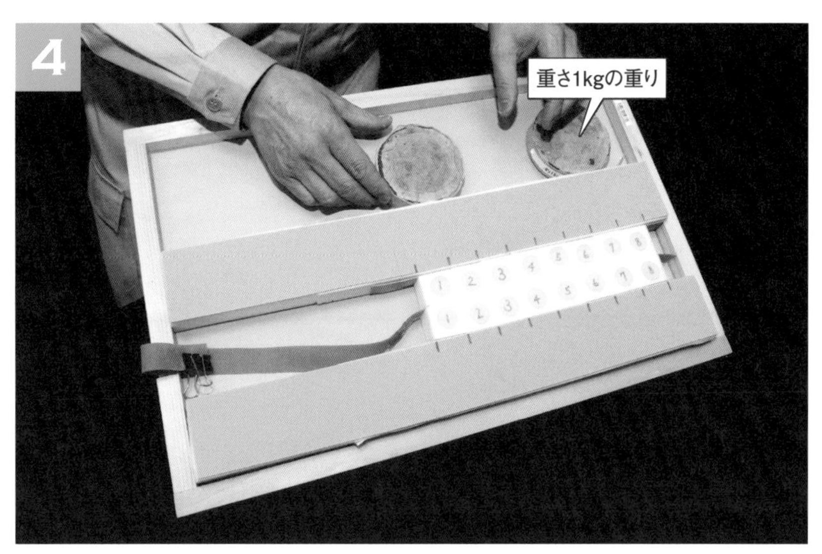

グラウト材を加圧注入して地盤と密着した状態を再現するために、模型の上に重りを載せて木枠を傾けます

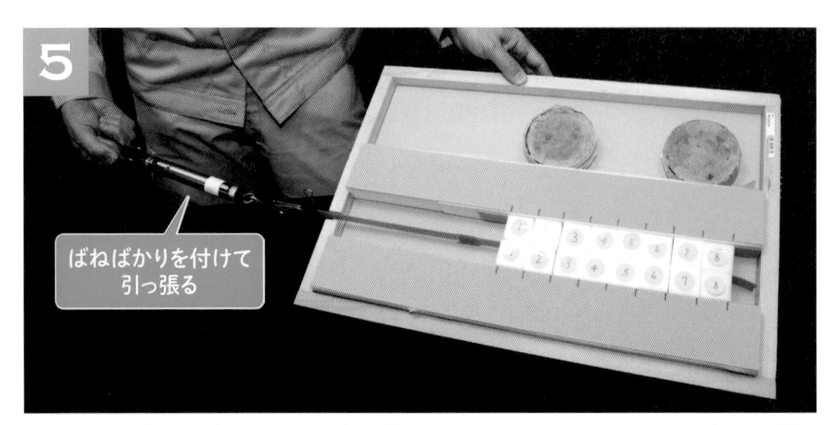

アンカー材を模したゴムひもに、ばねばかりを付けて引っ張ってみます。グラウト材を模した白いスポンジはどのように動くでしょうか

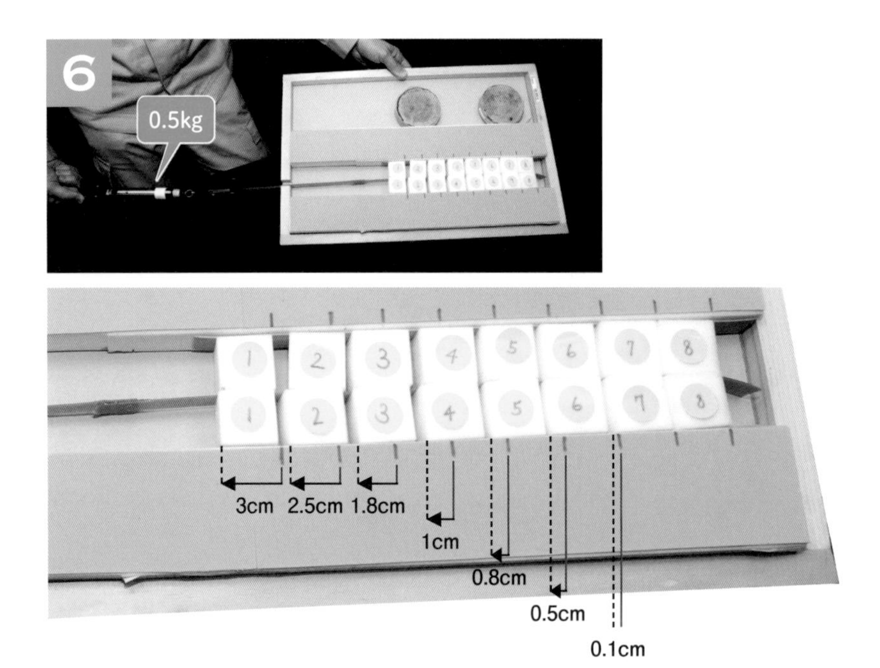

0.5kgの力で横に引っ張ります。すると、1番目のスポンジは左に3cmずれました。2番目は2.5cm、3番目は1.8cm、4番目は1cm、5番目は0.8cm、6番目は0.5cm、7番目は0.1cm、それぞれ左に動きました。8番目のスポンジのずれはゼロです。グラウト材全体が引っ張られて伸びたので、引張型のアンカーと呼びます。引張型のアンカーでは、アンカー頭部寄りのグラウト材ほど大きな引張力が作用することが分かります

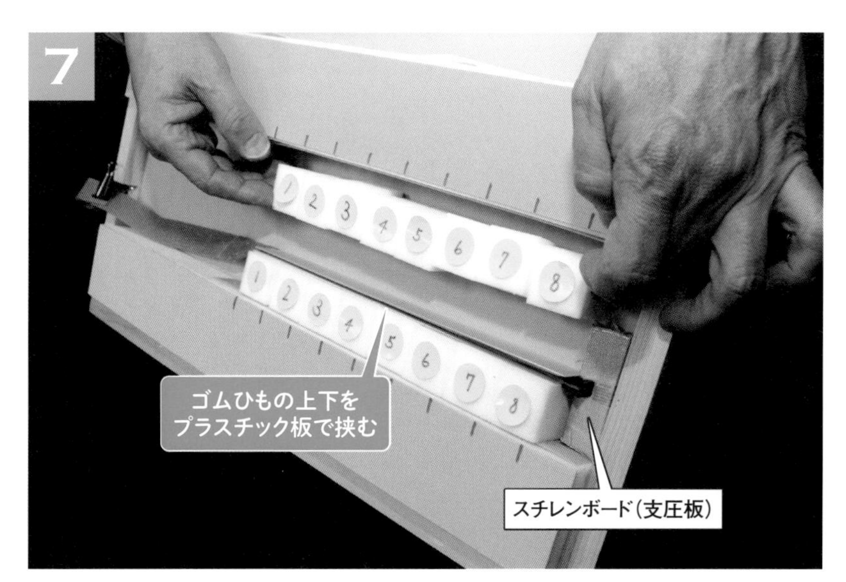

アンカー材の引張力を最深部に設けた支圧板を介してグラウト材に伝える方法もあります。まず、ゴムひもの先端にクリップで支圧板を取り付けます。次に、途中のゴムひもからグラウト材を模した白いスポンジに直接、力が伝わらないように、ゴムひもの上下をプラスチック板で挟み、滑るようにします

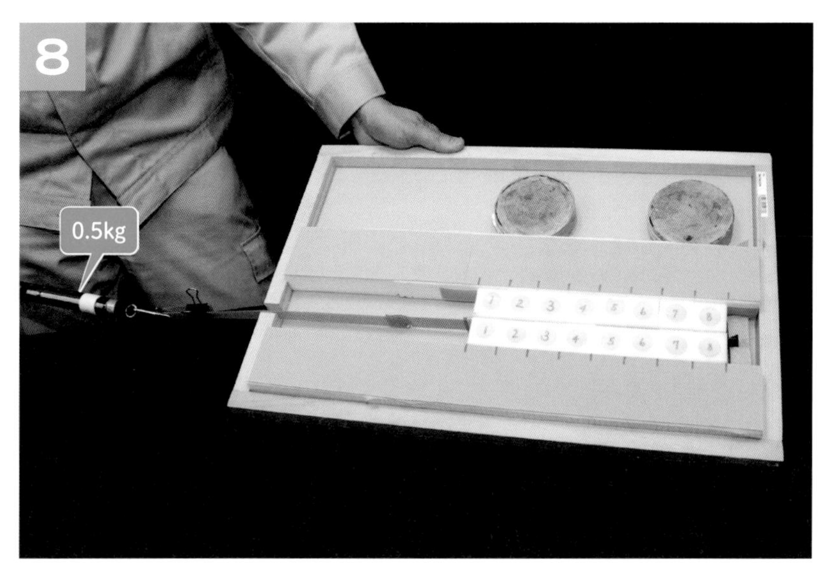

0.5kgの力で引っ張ってもスポンジはほとんど動きません

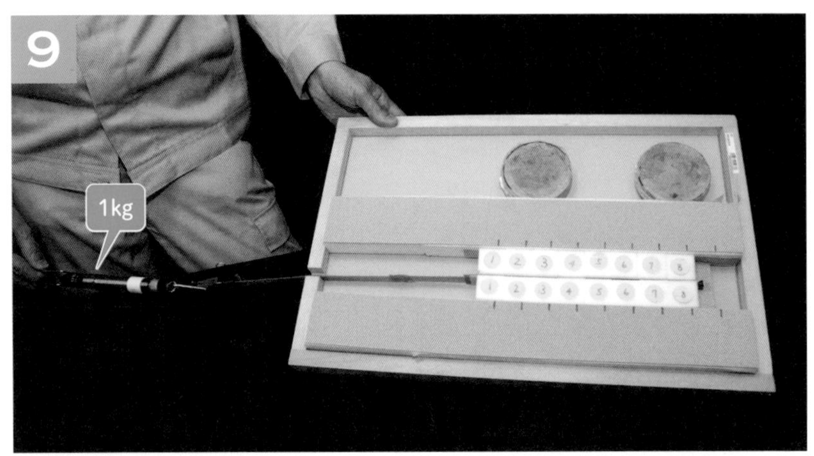

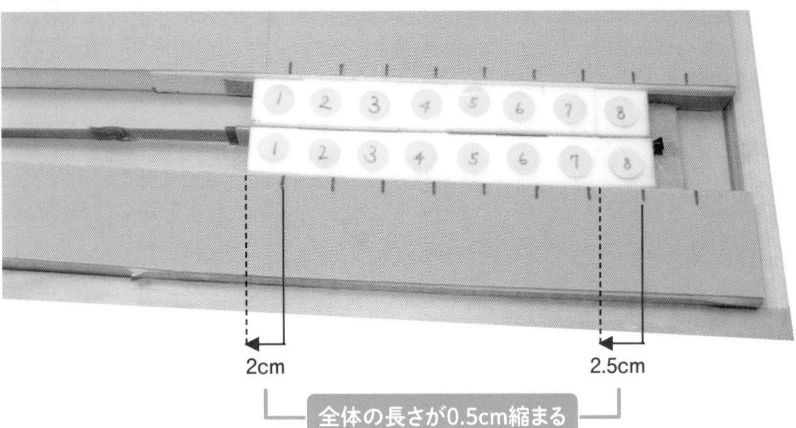

1kgの力で引っ張ると、1番目のスポンジが左に2cmずれました。一方、8番目のスポンジは左に2.5cm動きました。1～8番目のスポンジ全体の長さが0.5cmほどつぶれたことになります。グラウト材に圧縮力が加わって縮んだので、圧縮型のアンカーと呼びます。圧縮型のアンカーでは、アンカー深部のグラウト材ほど大きな圧縮力が作用します。引張型のアンカーと圧縮型のアンカーで、定着部のグラウト材に作用する力に違いがあることが分かります

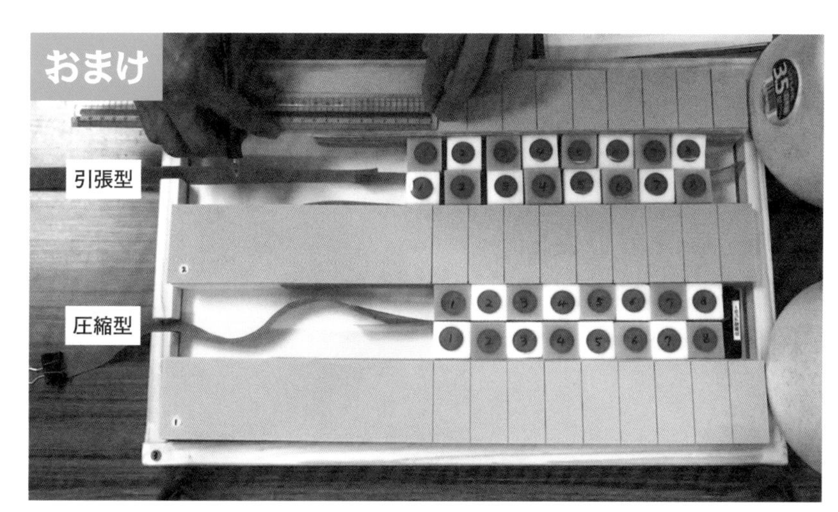

あるアンカーのメーカーからの依頼で、圧縮型と引張型のタイプを比較できるような模型を作りました。並べることでタイプの違いを理解しやすいようにしたのです。作成した模型は、主に社内の社員研修と展示会で用いられているようです。イラストよりもタイプの違いがよく分かるという声や、直感的に理解した後に理論式を学ぶとより理解できるという声が寄せられています（写真:藤井基礎設計事務所）

新人社員研修で模型を使ったときの様子（写真:エスイー）

模型の構造とつくり方

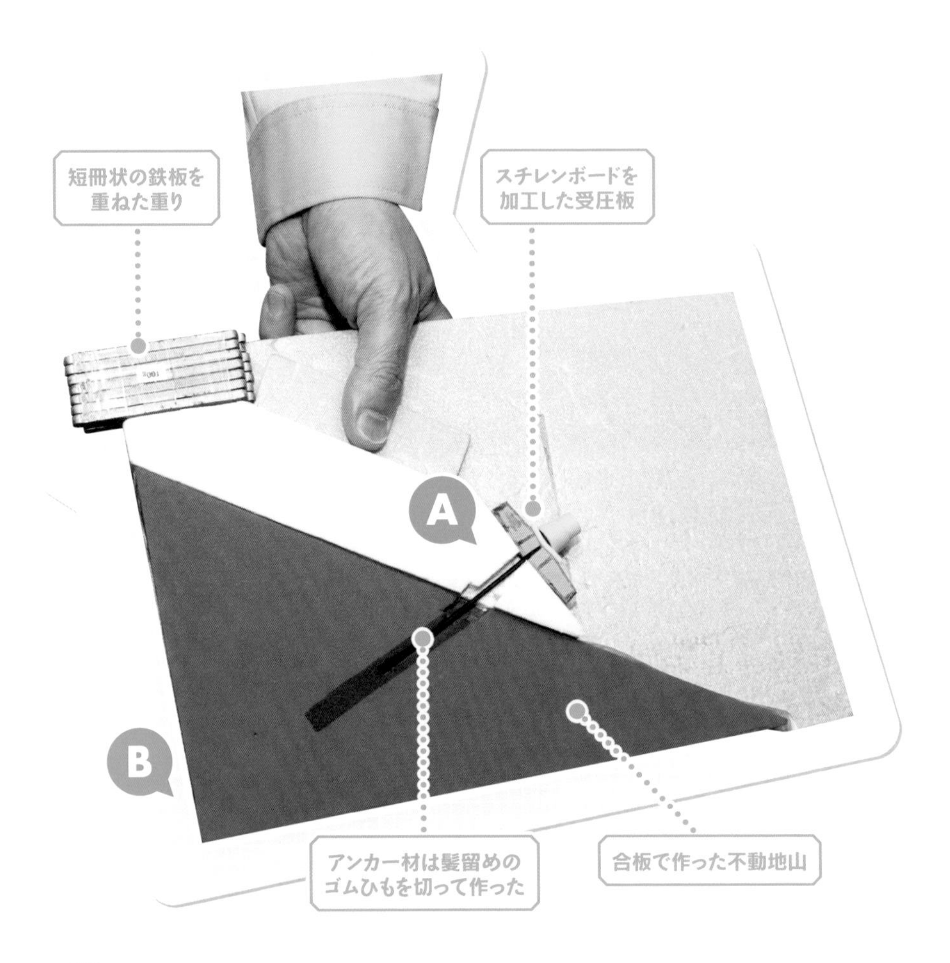

A 厚さ1cmほどのスチレンボードで作った移動土塊。アンカーを通す溝を設けておく

B 合板に溝を設けてゴムひもを通し、先端に結び目を付けて抜けないようにする

C

不動地山はスポンジで作成。グラウト材を模した白いスポンジと接する面にはマスキングテープやガムテープなどを貼り、摩擦力を必要に応じて調整する

D

アンカー材のゴムひもとグラウト材の白いスポンジとの縁を切るプラスチック板。滑りの良い紙でも代用できる

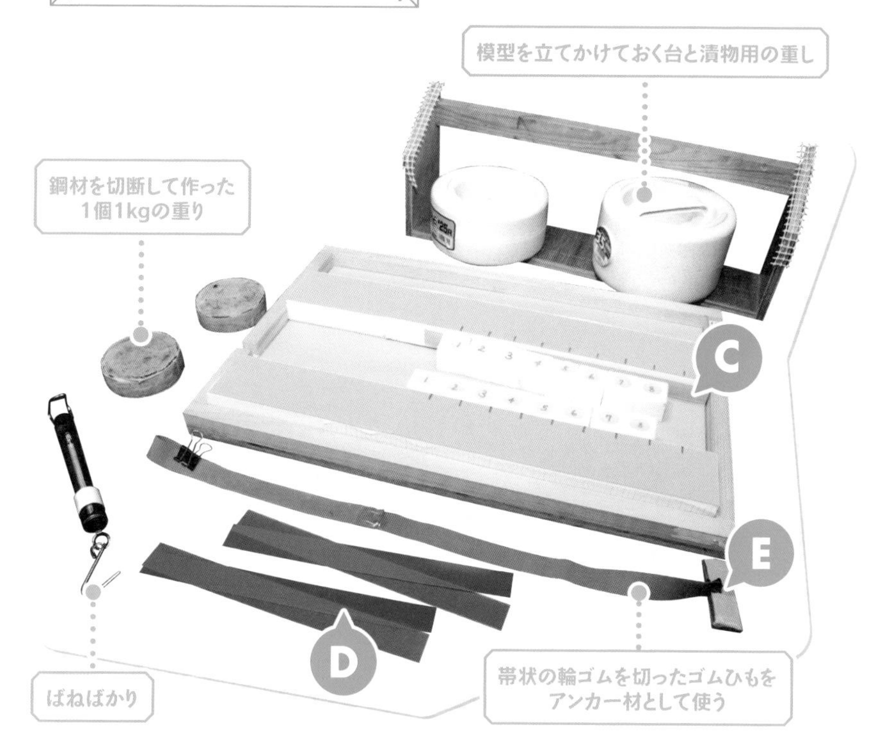

E

スチレンボードなどで作った支圧板。ゴムひもに付けたクリップとかみ合うように、切り欠きを設けておく

説明で伝えるポイント

グラウンドアンカーは、不動地山に設けた定着部と地表面のアンカー頭部とをPC鋼より線やPC鋼棒などのアンカー材でつなぎ、緊張力を与えたもの。対策が必要な箇所をピンポイントで経済的に施工できるので、様々な用途に使われる。

斜面を安定させるために採用する場合、アンカーには2つの役割がある。1つは移動土塊と不動地山の境にある滑り面を垂直方向に締め付ける効果。もう1つは、滑り落ちようとする移動土塊の重量を減殺する引き止め効果だ。地盤の粘着力やせん断抵抗角が小さく、滑り面の傾斜角が大きいほど、大きなアンカー力が必要になる。

◆ グラウンドアンカーの主な用途

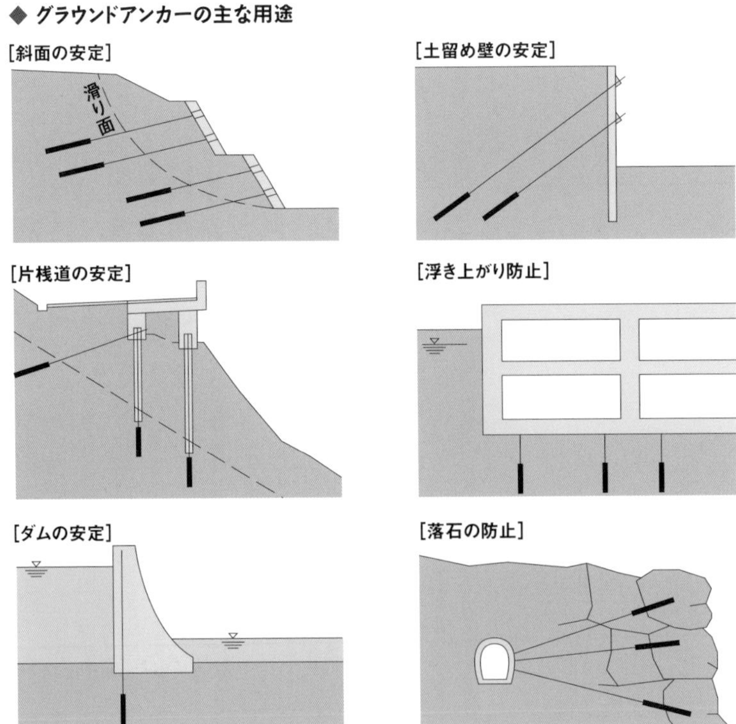

斜面の崩壊を防ぐほか、土留め壁の支保工などにも使われる。地表面のアンカー頭部は擁壁や法枠、独立した受圧板などと組み合わせる場合が多い(出所:日経クロステック)

アンカー工法は、定着部の荷重伝達方式によって複数の種類に分かれる。最も一般的なのが「摩擦型アンカー」だ。アンカー材の緊張力を、グラウト材の周面摩擦力を介して地盤に伝える。

引張型にはひび割れリスク

模型実験で示した通り、摩擦型アンカーは緊張力がグラウト材にどのように伝わるかによって「引張型」と「圧縮型」に分かれる。必要な定着部の長さは設計計算上、どちらを採用しても同じ。アンカー材の種類や定着部の外径が変わらない場合、周面摩擦力は地盤の種類によってのみ決まるからだ。

より普及しているのは施工性などに優れる引張型だ。ただし、引張型はアンカー頭部寄りの定着部のグラウト材に大きな引張力が集中するので、グラウト材にひび割れが生じやすい。二重防食のアンカー材を使うなど、安全性を高める必要がある。

一方、圧縮型はグラウト材が全長にわたって圧縮力を受けるので、ひび割れのリスクが小さい。計算上は同じ扱いでも、両者には大きな違いがあることを模型実験で伝える。

◆ 引張型アンカーと圧縮型アンカーの概要

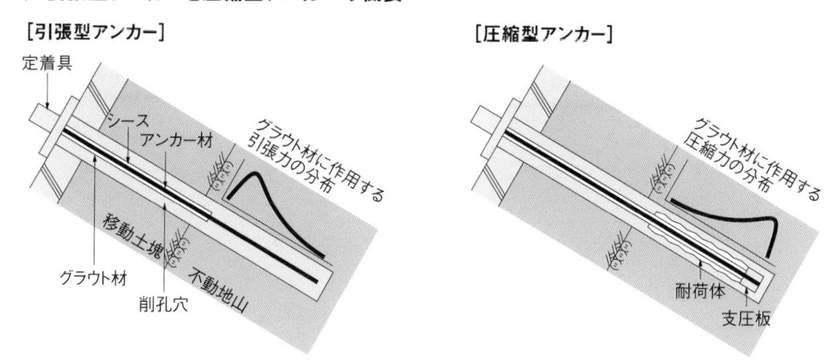

アンカー材の腐食を防ぐため、シース内には防錆油などを充填する。圧縮型は「耐荷体」と呼ぶ円筒状の鋼材を設ける（出所:日経クロステック）

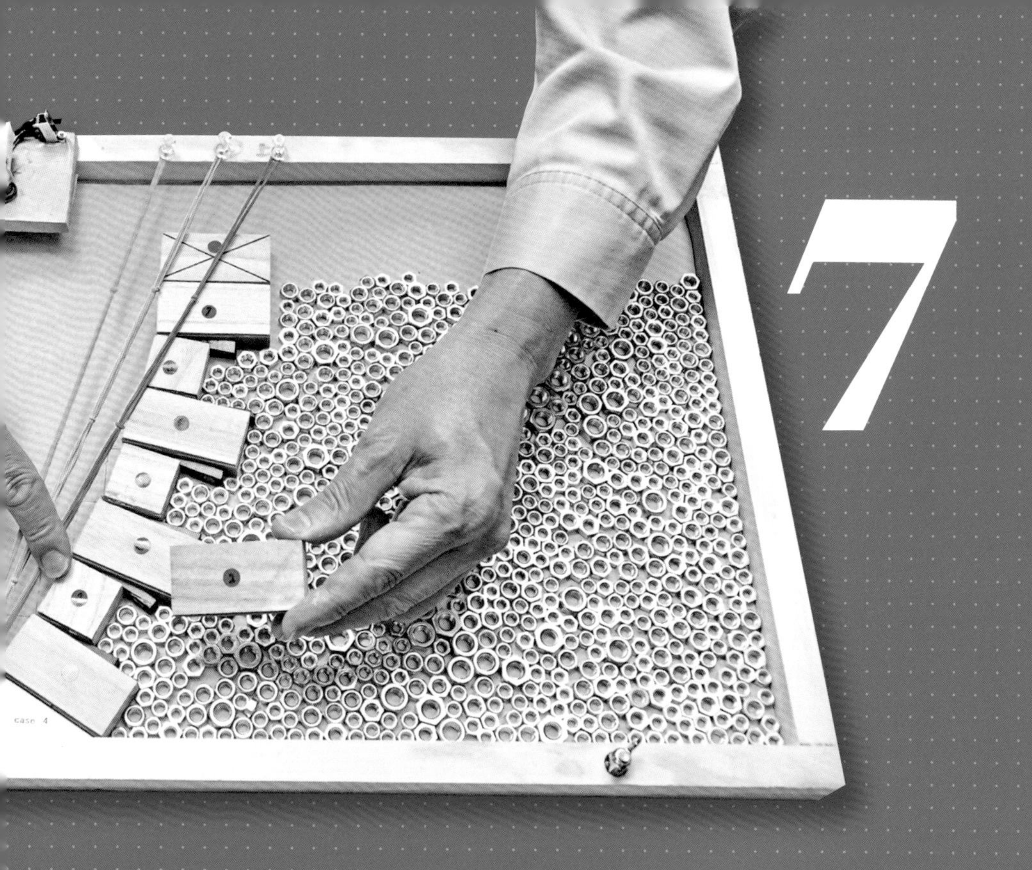

7

地震に強い石垣とは？

2016 年 4 月の熊本地震では、熊本城の石垣が崩れるなどの被害が生じた。石垣の積み方や形状によって、地震に対する強さがどのように変わるのか。

模型の使い方と説明例

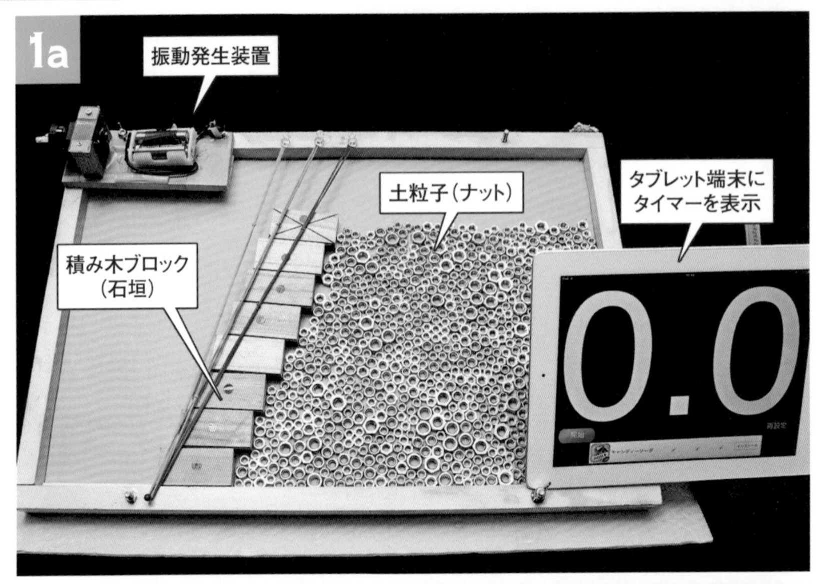
1a
振動発生装置
土粒子（ナット）
タブレット端末に
タイマーを表示
積み木ブロック
（石垣）
0.0
再設定

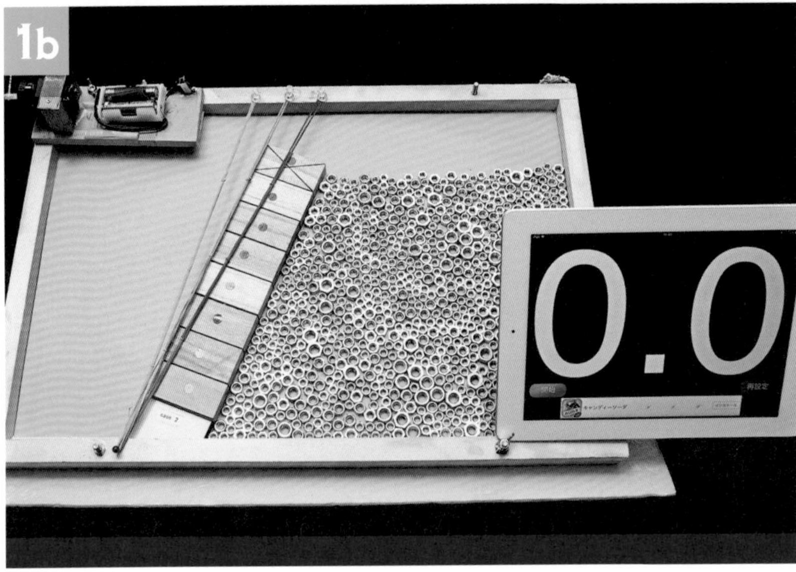
1b
0.0
再設定

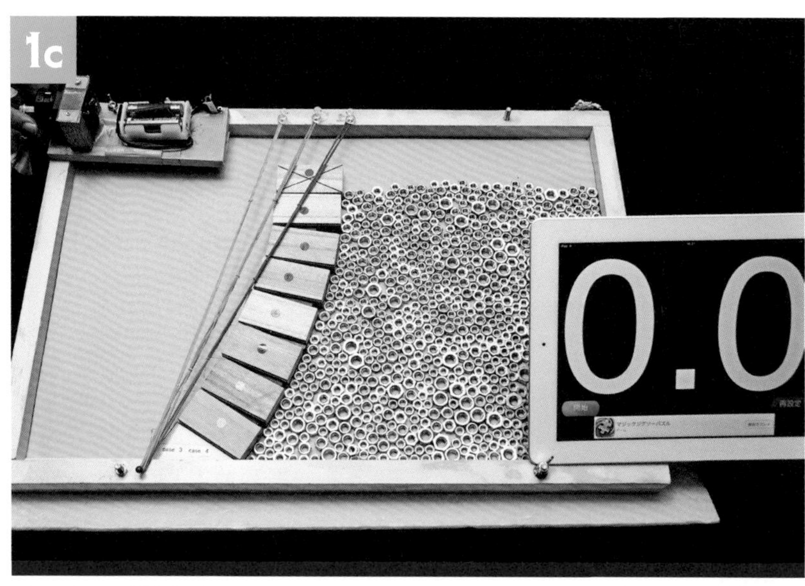

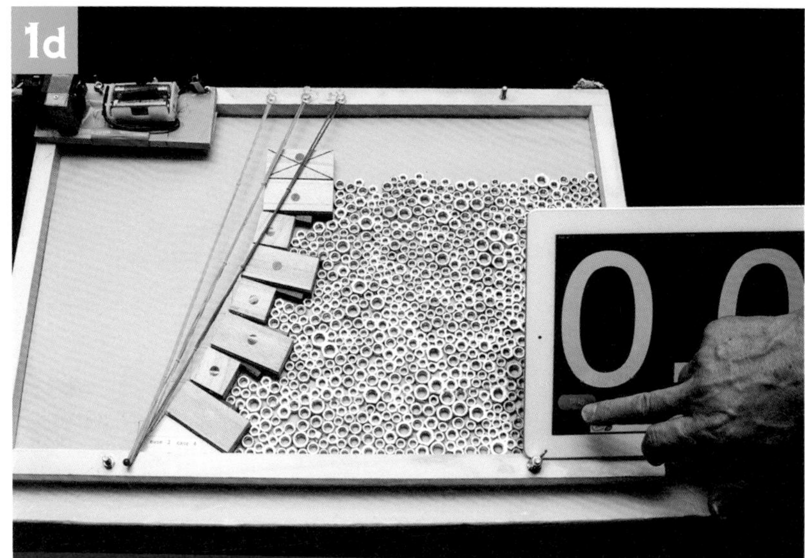

石垣の積み方や形状によって、地震時の挙動はどう変わるでしょうか。積み木ブロックを単一勾配で水平積みしたケース1（1a）、単一勾配で斜め積みしたケース2（1b）、寺勾配（上部に向かうほど急勾配）で並べたケース3（1c）、大小のブロックを混ぜて寺勾配で並べたケース4（1d）のうち、どれが最も強いか予想してみてください

まず、ケース1です。ブロックを4分勾配で水平に積み上げています。木枠を30度の角度で立てかけてもブロックは動きません

木枠に取り付けた振動発生装置で地震を模した揺れを加えます。約30秒加振すると、下から4段目のブロックが左に2.5cmずれました

約1分加振すると、石垣の中ほどにある下から4段目のブロックが左に4.5cm動きました。土粒子を模したナットが、ブロックを押し出しながら斜め下に向かって移動したのです

次に、ケース2です。ケース1と同じ4分勾配ですが、各ブロックは斜めに積み上げています

木枠を30度の角度に傾けて約30秒加振しました。下から4段目のブロックは左に1.8cm動きました

約1分加振すると、4段目のブロックは左に2.8cm動きました。ブロックの移動量はケース1の水平積みよりも小さく、安定した石垣であることが分かります。斜めに積み上げたブロックの自重が、ブロックの移動を止めようとする方向(写真右方向)に作用したのが一因です

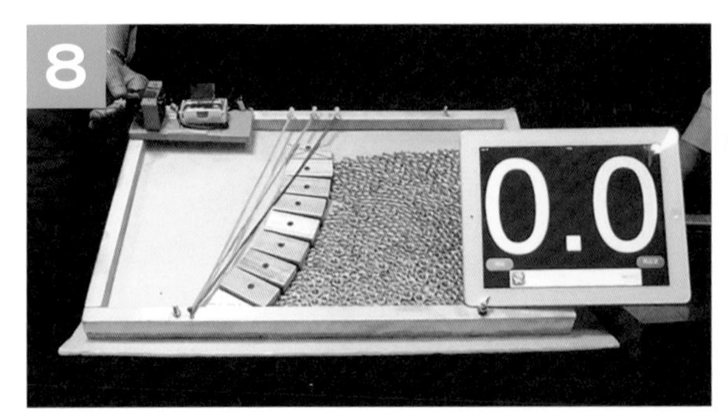

続いて、寺勾配で並べたケース3です。最上段のブロックはケース1やケース2の4分勾配と同じ位置に合わせました

木枠を30度傾けて約30秒加振した状態です。下から4段目のブロックは最初の位置から左に0.8cm動きました

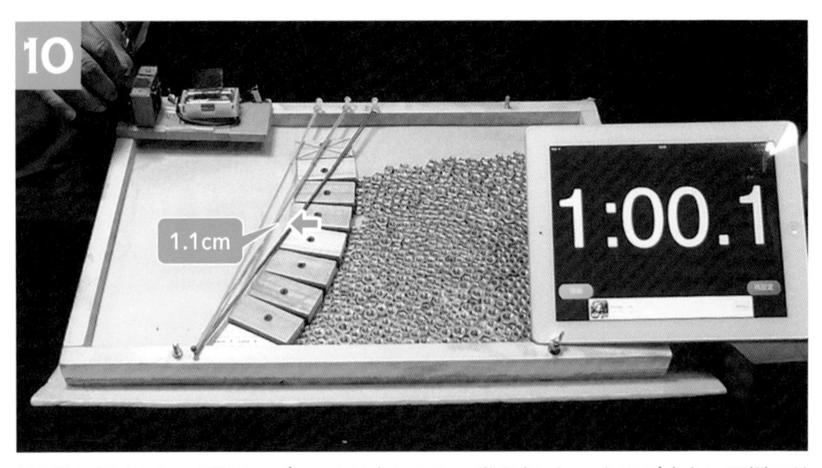

約1分加振すると、4段目のブロックは左に1.1cm動きました。土圧が大きい下側ほど緩く、土圧が小さい上側ほど急な寺勾配は、理にかなった地震に強い形状です

最後に、ケース4です。ケース3と同じ寺勾配ですが、大きさが半分の小さいブロックも組み合わせています

30度傾けて約30秒加振しました。下から4段目のブロックは最初の位置から左に0.4cm動きました

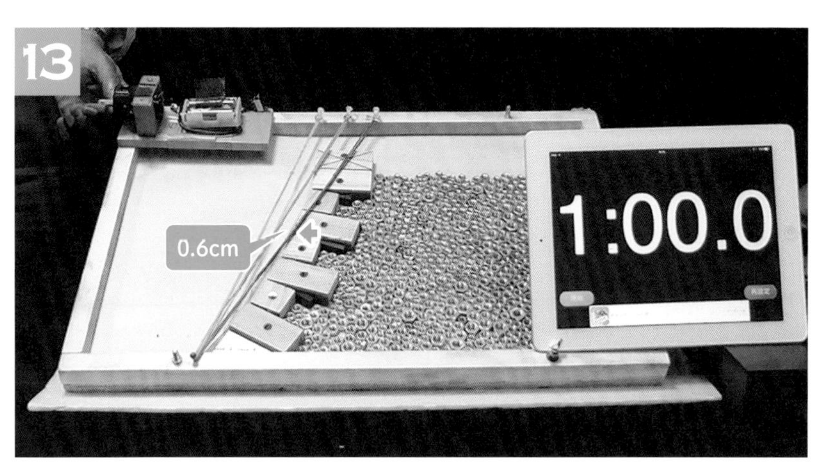

約1分加振すると、4段目のブロックは左に0.6cmだけ動きました。実験した4種類の中で地震に最も強い構造です。ブロック全体の重さはケース3より軽いにもかかわらず、移動量は半分程度に収まりました。ブロックの背面に凹凸ができ、ナットとの摩擦抵抗がケース3よりも大きくなったことが一因と考えられます

模型の構造とつくり方

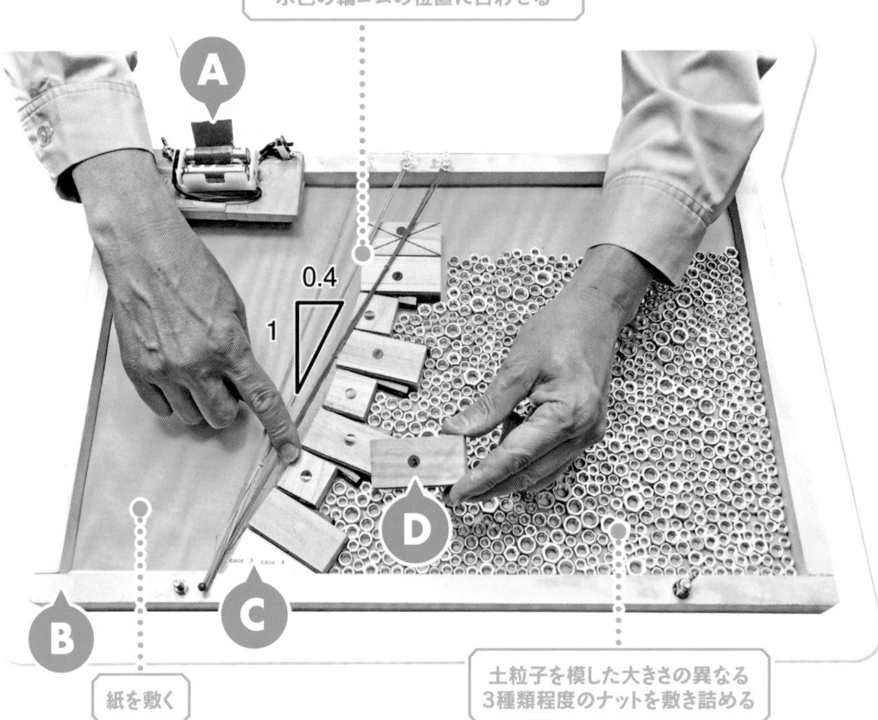

A

振動発生装置

モーターの回転軸と直角方向に取り付けたねじが高速で回り、ねじ頭部の慣性力による振動が木枠全体に伝わる

木枠を30度の角度で立てかけて、ナットに下向きの重力を作用させる。この状態でブロックは動かない

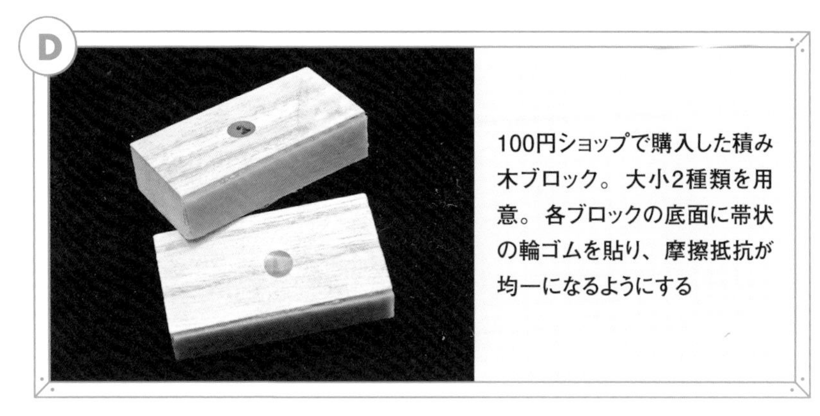

100円ショップで購入した積み木ブロック。大小2種類を用意。各ブロックの底面に帯状の輪ゴムを貼り、摩擦抵抗が均一になるようにする

説明で伝えるポイント

石積みの構造物は、橋や護岸などに古くから使われてきた。現地で手に入る石材などを使い、景観的にも優れた構造物が各地に残っている。城郭の石垣などでは、上に行くほど急になって反り上がる「寺勾配」や「武者返し」と呼ばれる形状の石積みが見られる。

ただし、石積み擁壁は力学的に解明しきれない部分もある。日本道路協会の「道路土工・擁壁工指針」は原則、ブロックの背面に胴込めコンクリートを打設してブロック同士を一体化する「練積み」で施工するよう求めている。

伝統的な石垣の多くは、コンクリートなどで接合しない「空積み」となっている。2016年4月の熊本地震では、熊本城の石垣が崩れた。こうした話題を踏まえ、地震に強い石垣の積み方や形状を考えてもらうのが、実験の狙いだ。

石垣の背面に作用する土圧は、上側ほど小さく、下側ほど大きくなる三角形分布をしている。土圧の大小に応じて勾配の緩急を連ねた寺勾配は、理にかなった形状だ。実験では、単一勾配よりも寺勾配の方が加振後のブロックの移動量が小さく、地震に強いことを裏付けた。

ケース4の石垣はケース3より全体の重量が軽いにもかかわらず、ブロックの移動量が最も小さかった。理由として考えられるのが、ブロック背面にできた凹凸だ。ブロックとナットとの摩擦抵抗が大きくなる。

熊本地震によって崩壊した熊本城飯田丸五階櫓（やぐら）の石垣。高さ15m、天端と法尻を結んだ勾配が65度という巨大な石積み擁壁は、過去の地震に何度も耐えてきた（写真:大村 拓也）

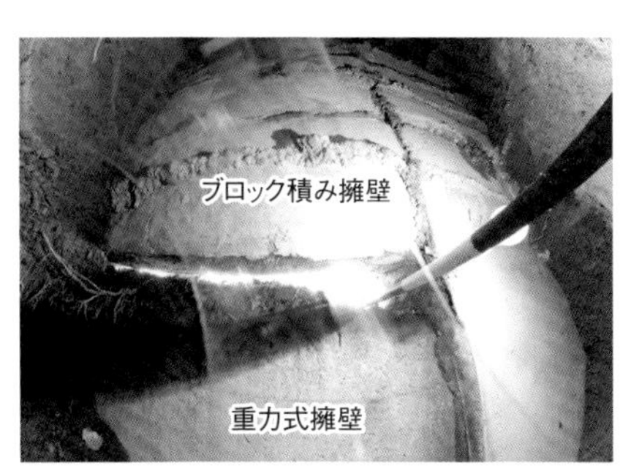

混合擁壁の背面。水平に差し込んだ赤白ポールの上側はブロック積み擁壁で、型枠からあふれた裏込めコンクリートによる凹凸が見られる。ポールの下側は背面が平らな重力式擁壁
(写真:藤井基礎設計事務所)

◆ ジオテキスタイル工法の概念図

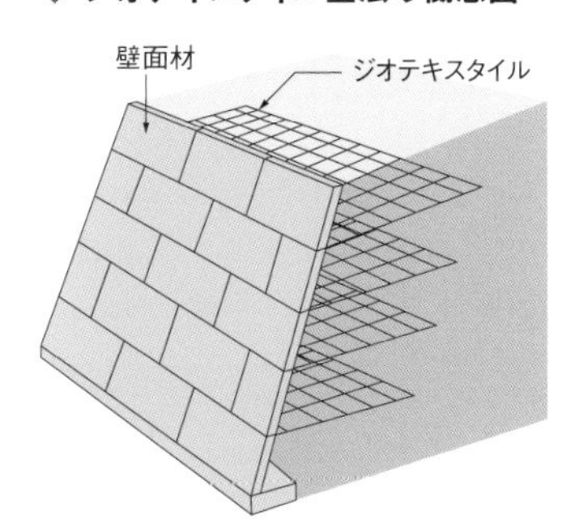

仙台城の石垣修復工事でも、背面の土圧を低減するため、一部に使われた
(出所:日経クロステック)

ブロックを押し出しながら斜め下に移動しようとするナットと、ブロック背面との間に摩擦力が発生。ナットの移動を妨げる摩擦抵抗が大きくなれば、変形を抑えられる。

一般的なコンクリート造の擁壁でも、背面に凹凸をつけて盛り土などとの摩擦抵抗を大きくしておけば、わずかながらでも地震に強くなる。背面の盛り土に面状の補強材を挟み込み、擁壁と盛り土とを一体化する「ジオテキスタイル工法」なども有効だ。

熊本地震で崩落した熊本城の石垣崩落では、復旧でより強固にする技術を導入する必要があったようだ。工事を請け負った大林組は石垣に水平補強材を敷設する方法を考案。その工法の基本的な効果を関係者に説明する際に、今回の石垣模型を応用した模型で説明した。同社が開発したのは「グリグリッド」という工法だ。

同工法は石垣の背面に積まれる栗石層に「グリグリッド」を敷設して、大規模地震時の石垣の崩壊を防止する。熊本城飯田丸五階櫓石垣で採用されている。

石垣背面は粒径200～300mm程度の栗石であるため、従来のジオテキスタイルでは、栗石のかみ合わせが十分に発揮されないため、ステン

レスの丸鋼を樹脂製の材料で連結した構造としている。

このように、新しい工法を検討・検証する際にも、「ドボク模型」で試行錯誤してから、本格的な実験をすると効率的に開発が進む。

◆ **栗石層に挿入して補強**

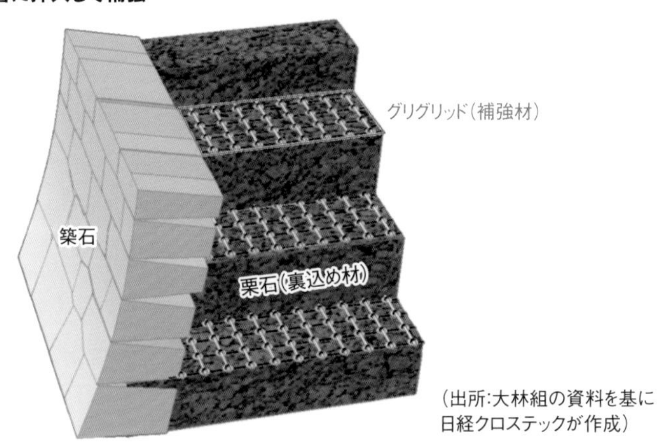

(出所:大林組の資料を基に日経クロステックが作成)

◆ **樹脂とステンレスを格子状に組み合わせた**

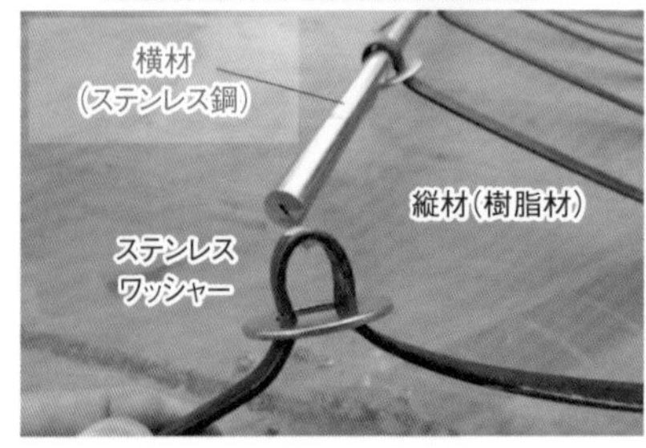

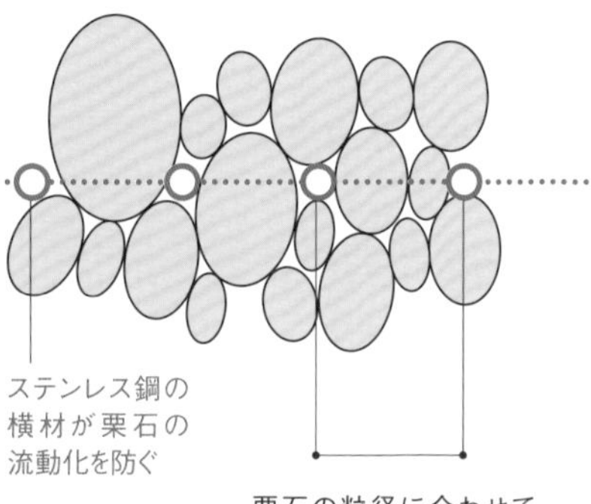

(出所:大林組の資料を基に日経クロステックが作成)

8

アンカーが破断するとどうなる？

斜面に埋設していたアンカー材がある日突然、弓矢のように空中へ飛び出す事故が起こっている。模型実験を通して、施工時の防食処理や供用中の維持管理が重要であることを伝える。

動画のQRコードは
173、174ページ
参照

模型の使い方と説明例

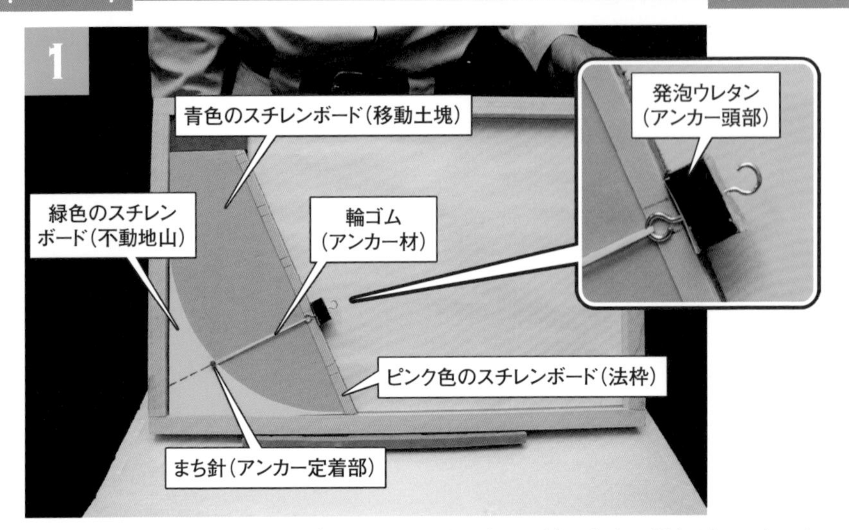

斜面の模型に輪ゴムで作ったグラウンドアンカーを取り付けます。緑色がアンカー定着部のある不動地山、青色が移動土塊、ピンク色が法枠です。輪ゴムの一方を赤いまち針に、もう一方の発泡ウレタンで作った黒いアンカー頭部を法枠に引っ掛けます。ぴんと張った輪ゴムは、張力がかかったPC鋼材などのアンカー材だと考えてください

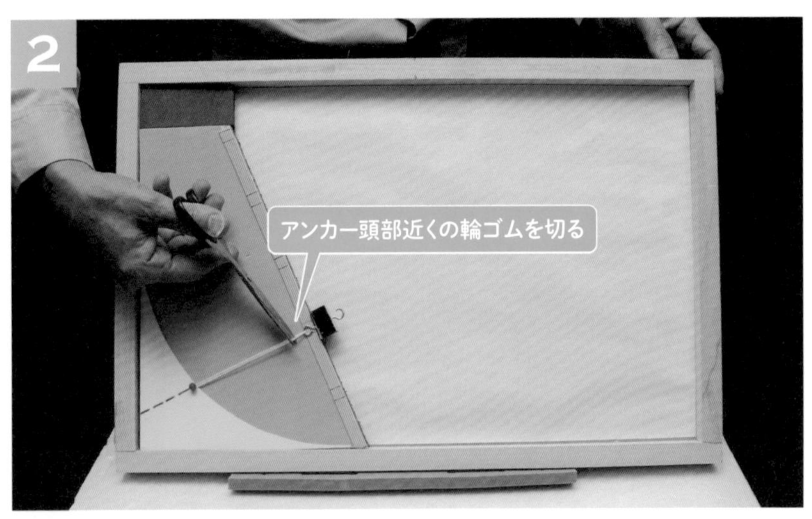

供用中にアンカー材が破断してしまうことがあります。まず、アンカー頭部から雨水が浸入して、アンカー材がアンカー頭部のすぐ背面で腐食、破断するケースです。輪ゴムをはさみで切ります。その際、破断する位置によってアンカー頭部はどのように挙動するでしょうか

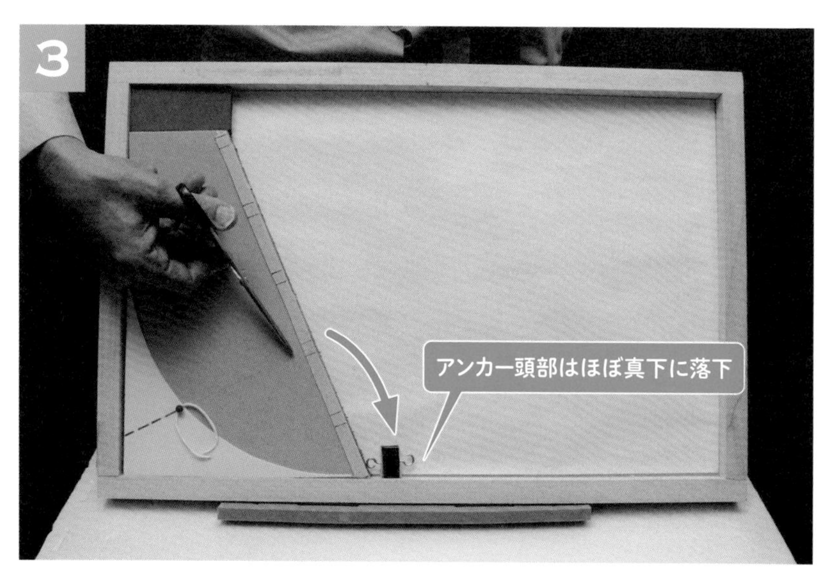

アンカー頭部は斜面のほぼ真下にすとんと落ちました

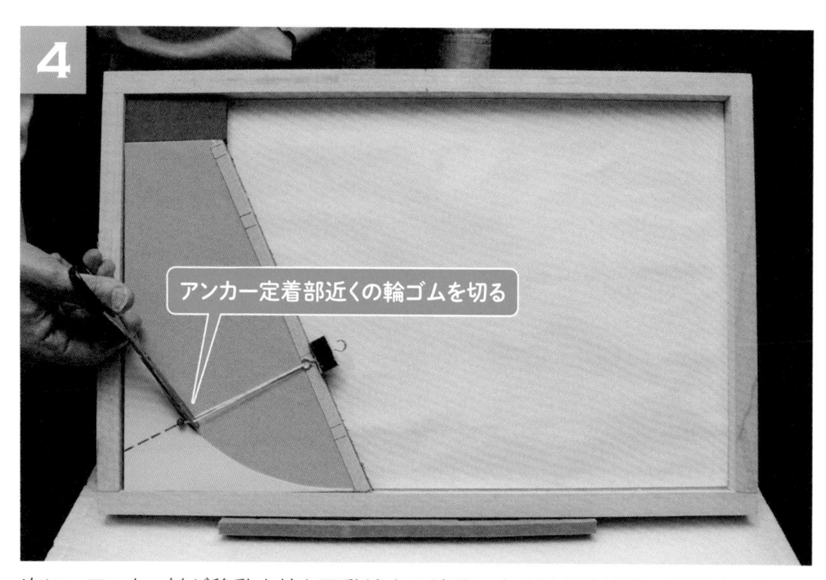

次に、アンカー材が移動土塊と不動地山の境界である滑り面付近で破断するケースです。移動土塊の滑る力が想定よりも大きくなってアンカー材の張力が増大したり、滑り面の水みちから地下水が浸入してアンカー材が腐食したりすると、アンカー定着部近くの深い位置で破断します。輪ゴムをはさみで切ります

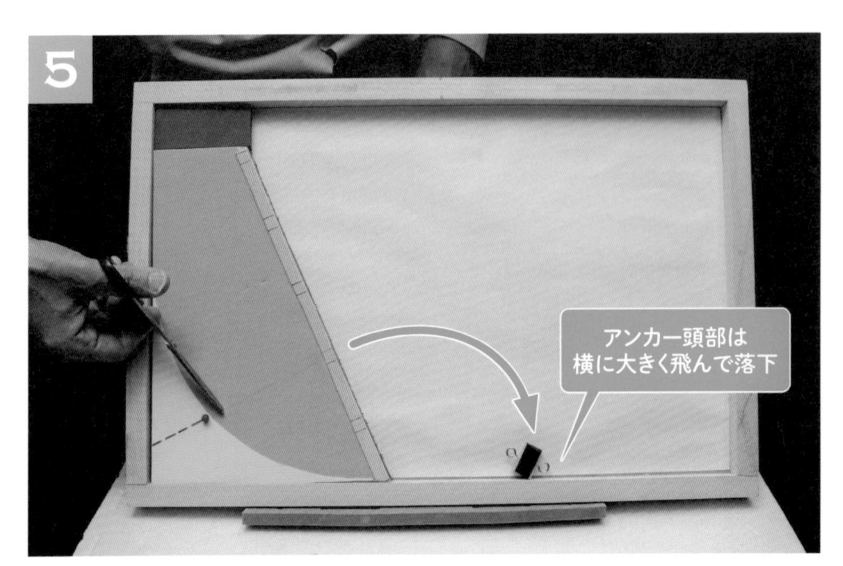

アンカー頭部はアンカー材を模した輪ゴムとともに横へ大きく飛びました。輪ゴムにかかっていた張力が一瞬で解放され、ゴム鉄砲のようになったからです

グラウンドアンカーの維持管理では、腐食の有無や地中のアンカー材に作用する張力の大きさを知ることが重要です。直接見ることのできない張力を測定する「リフトオフ試験」の仕組みを模型で説明します。まず、アンカー頭部を引き上げるための輪ゴムを取り付けます

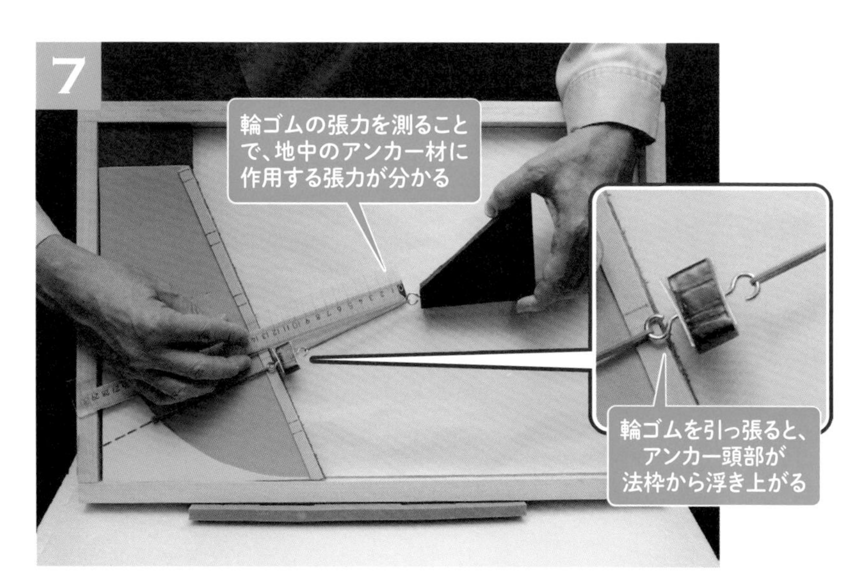

次に、取り付けた輪ゴムをゆっくり引っ張ると、地中の輪ゴムと同じ長さになったところでアンカー頭部が法枠から浮き上がります。この時の張力がアンカー材の張力となります

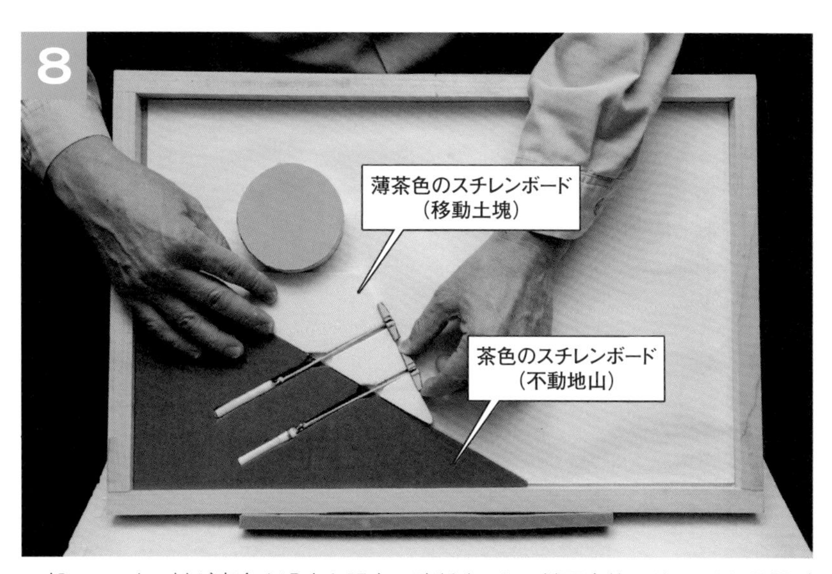

一部のアンカー材が腐食や過大な張力で破断すると、斜面全体にどのような影響が及ぶでしょうか。別の模型を使って実験します。上下2段のアンカーで薄茶色の移動土塊が滑り落ちるのを抑えている状態です

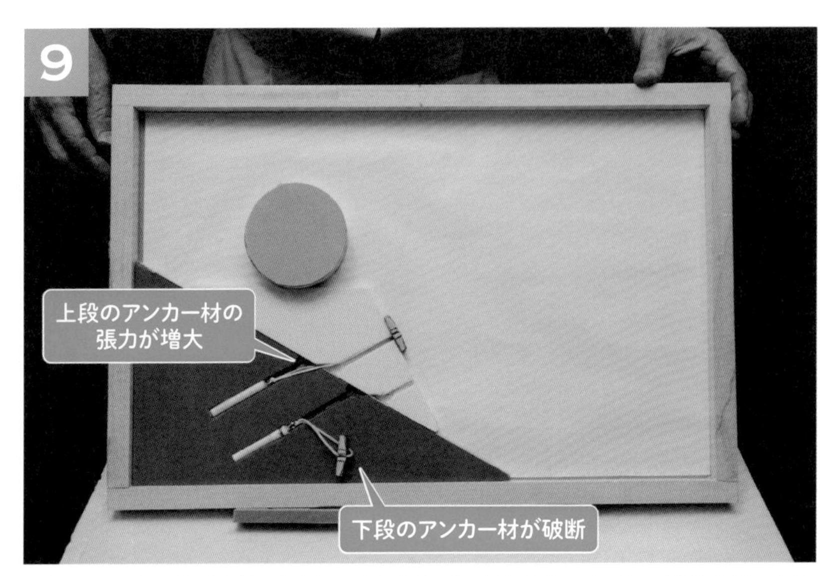

下段のアンカー材が破断したとして受圧板を手で外します。すると、移動土塊の重さが上段のアンカー材に集中して輪ゴムが伸び、張力が増大したことが分かります

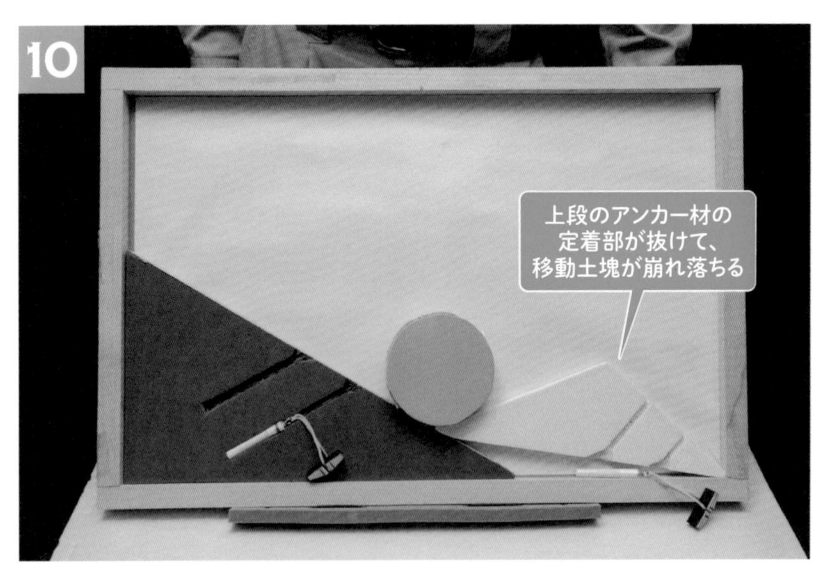

最終的に上段のアンカーの定着部が抜けて、移動土塊が崩れ落ちました。一部のアンカー材が破断すると、そのアンカーが受け持っていた荷重が周囲のアンカーに移り、次々と破断したり、変形が進んだりする恐れがあります

模型の構造とつくり方

A

厚さ1cmほどのスチレンボードの表面にウレタンシートを貼って不動地山（緑色）、移動土塊（青色）、法枠（ピンク色）を表現

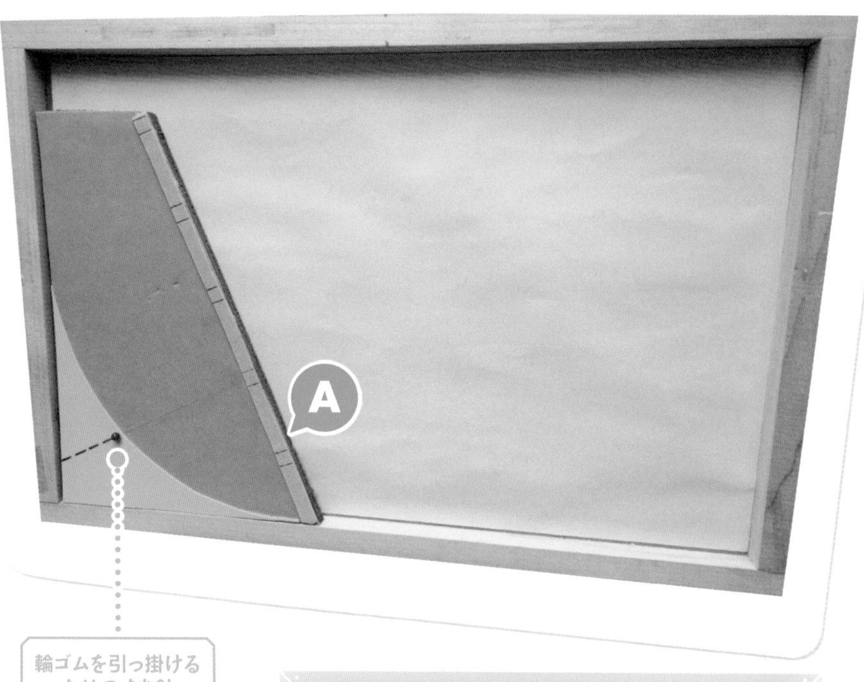

輪ゴムを引っ掛けるためのまち針

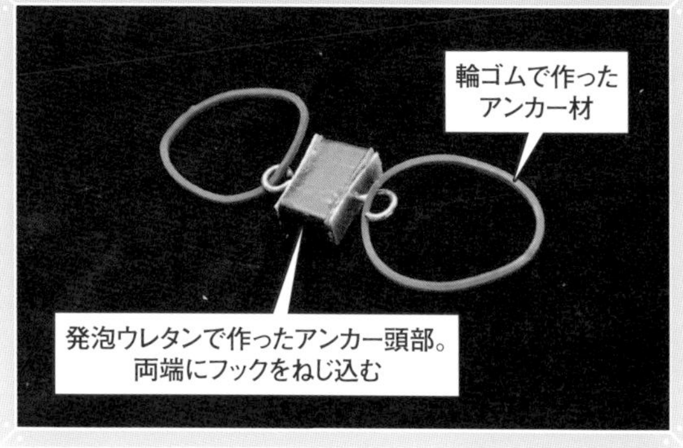

B
スチレンボードで作った不動地山（茶色）と移動土塊（薄茶色）。アンカーを通す溝を設けておく

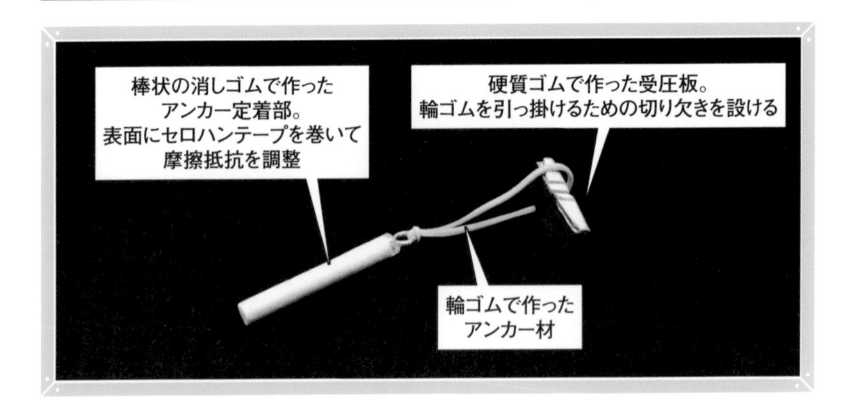

説明で伝えるポイント

グラウンドアンカーが機能を発揮し続けるためには、プレストレストコンクリート（PC）鋼材などのアンカー材を腐食から守ることが何よりも重要になる。土質工学会（現・地盤工学会）は1988年、仮設以外のアンカー材について耐食性のある2種類以上の材料で守る「二重防食」とするよう義務付けた。例えば、アンカー材をシースと呼ぶ樹脂製の管に収めたうえ、シース内とシース外をグラウト材で充填する。

腐食、破断して飛び出したアンカーの例。施工したのは1979年で、防食が不十分だったと見られる
（写真:農林水産省）

京都府の国道9号では2017年5月、丸印を付けた法枠アンカーが飛び出した。アンカー頭部の保護コンクリートが落下し、走行中の車2台に接触した
（写真:国土交通省）

問題はそれ以前に設計、施工した旧タイプのアンカーだ。シースがなくグラウト材に生じたひび割れから地下水が浸入したり、アンカー頭部や頭部背面の止水、防食が不十分だったりして、アンカー材の腐食が進みやすい。

こうしたアンカー材が破断すると、張力が一瞬で解放されて飛び出す。アンカー材はアンカー頭部のすぐ背面か、アンカー定着部近くの深い位置で破断するケースが多い。模型実験で確かめた通り、後者の場合は頭部側に解放されるエネルギーが大きくなるので注意が必要だ。アンカー頭部や受圧板が斜面から落下して、通行者などに被害が及ぶ危険もある。

アンカー材の破断は腐食以外でも起こり得る。設計で想定したよりも移動土塊が大きかったり、地下水位が高くなったりして、過大な張力が作用する場合だ。既設のアンカー材を油圧ジャッキで引き上げる「リフトオフ試験」によって、アンカー材に作用する張力の大きさを調べることができる。

アンカー材の降伏荷重の0.9倍を超えるような張力が作用している場合は、破断する危険がある。アンカー頭部が飛び出さないように、金属プレートで固定するなどの緊急対策を施す。アンカーが破断すると斜面が一気に不安定となるため、日ごろの維持管理が重要になる。

小型軽量の油圧ジャッキを使ったリフトオフ試験の様子。斜面にある複数のアンカーをサンプリング調査して、アンカー張力の面的な分布を捉える（写真:農林水産省）

9

落石の衝撃にどう耐えるか？

斜面からの落石が道路の通行人や車両を直撃して死傷する事故は珍しくない。巨大な力を受け止めるのが落石防護網や防護柵だ。模型で仕組みを説明する。

動画のQRコードは
174-176ページ
参照

模型の使い方と説明例

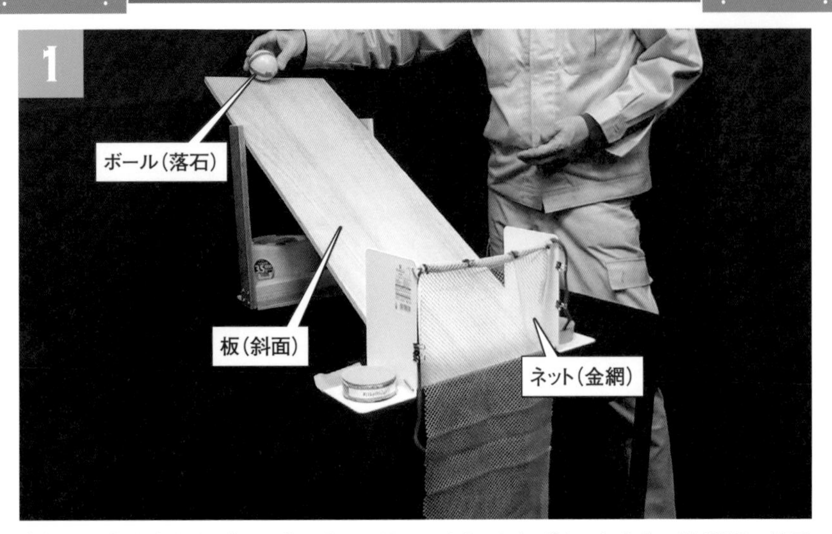

金網の上部を立ち上げて、落石を取り込めるようにしたポケット式落石防護網の模型です。金網を模した市販のネットを垂らします。ネット下端の手前に道路などがあると考えてください。斜面の長さが90cmの板を30度の傾斜で立てかけて、上端から落石に見立てた重さ200gのボールを転がします

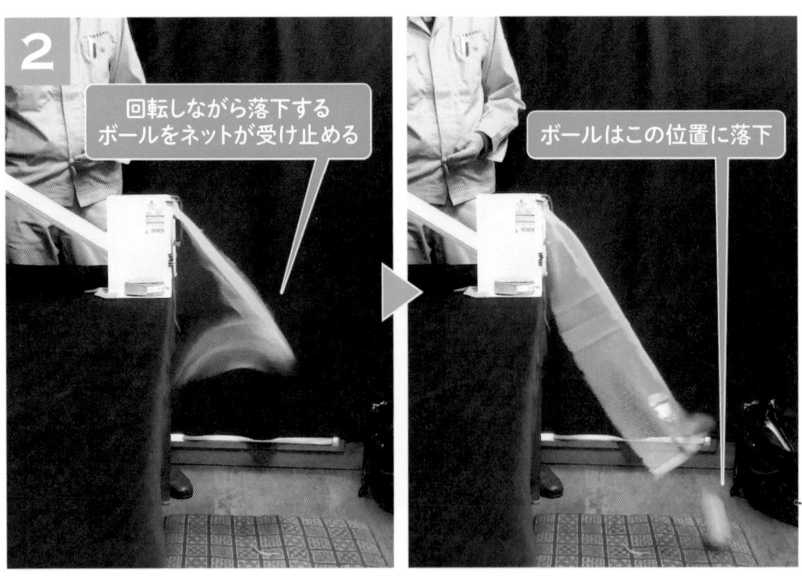

転がり落ちるボールをネットが水平方向に大きくしなりながら受け止めました。もしネットがなければ、ボールはもっと遠くまで飛んでいたはずです

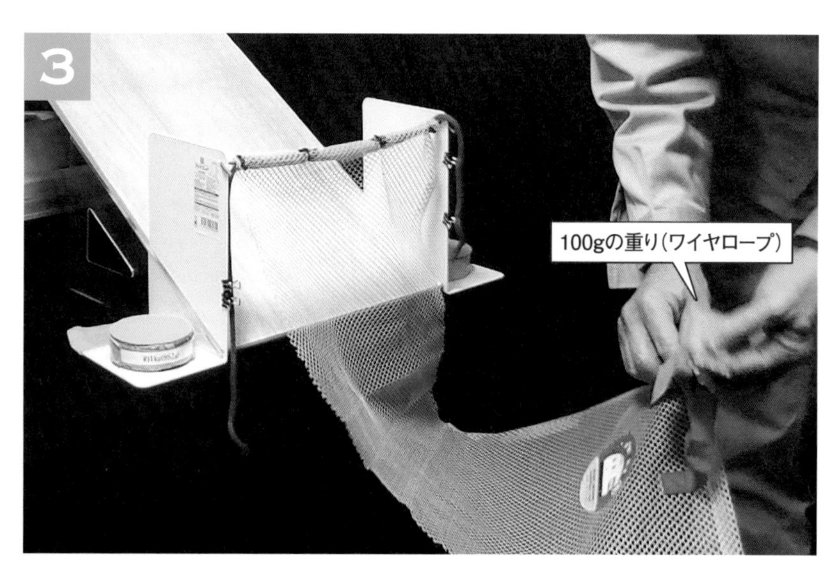

今度はネットの下端に100gの重りを取り付けます。金網とともに一定間隔で配置したワイヤロープなどがぴんと張った状態をイメージしてください。ワイヤは金網の自重を支えたり、落石の衝撃を受け止めたりする役割があります

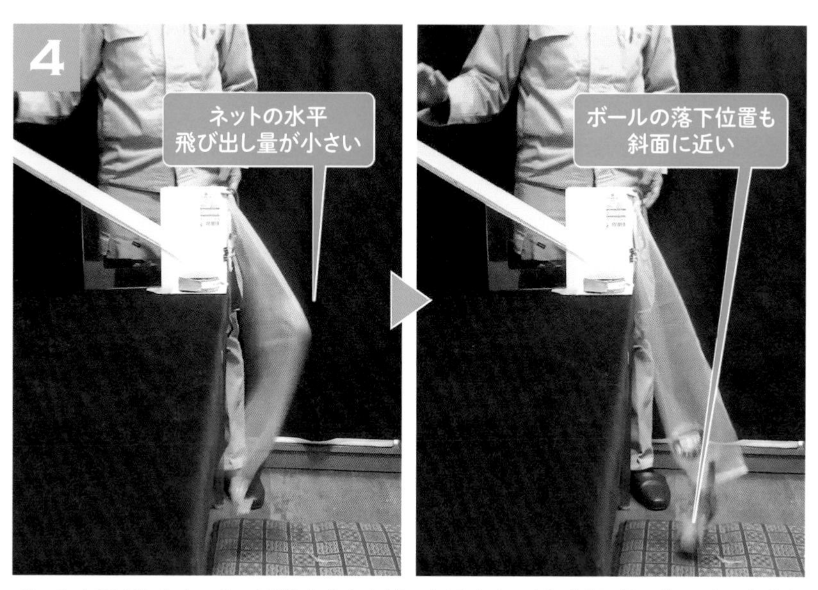

ボールを転がします。ネットはしなりますが、水平方向の飛び出し量は先ほどの半分程度です。ワイヤや金網に大きな張力が作用する代わりに、変形量が小さくなったのです

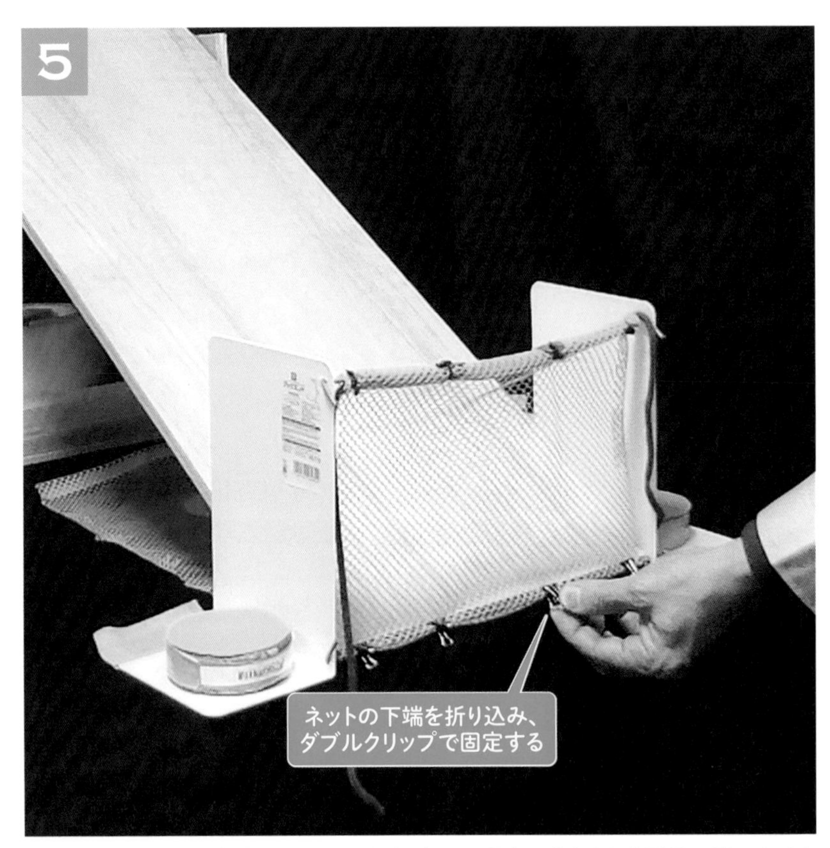

落石エネルギーの吸収量は、ワイヤなどに加わる張力の大きさと変形量の積で表せます。1番目の実験はワイヤなどの負担が小さい代わりに変形量が大きく、2番目の実験はワイヤなどの負担が大きい代わりに変形量が小さくなりました。では、落石防護柵のように、ネットの下端を固定するとどうなるでしょうか

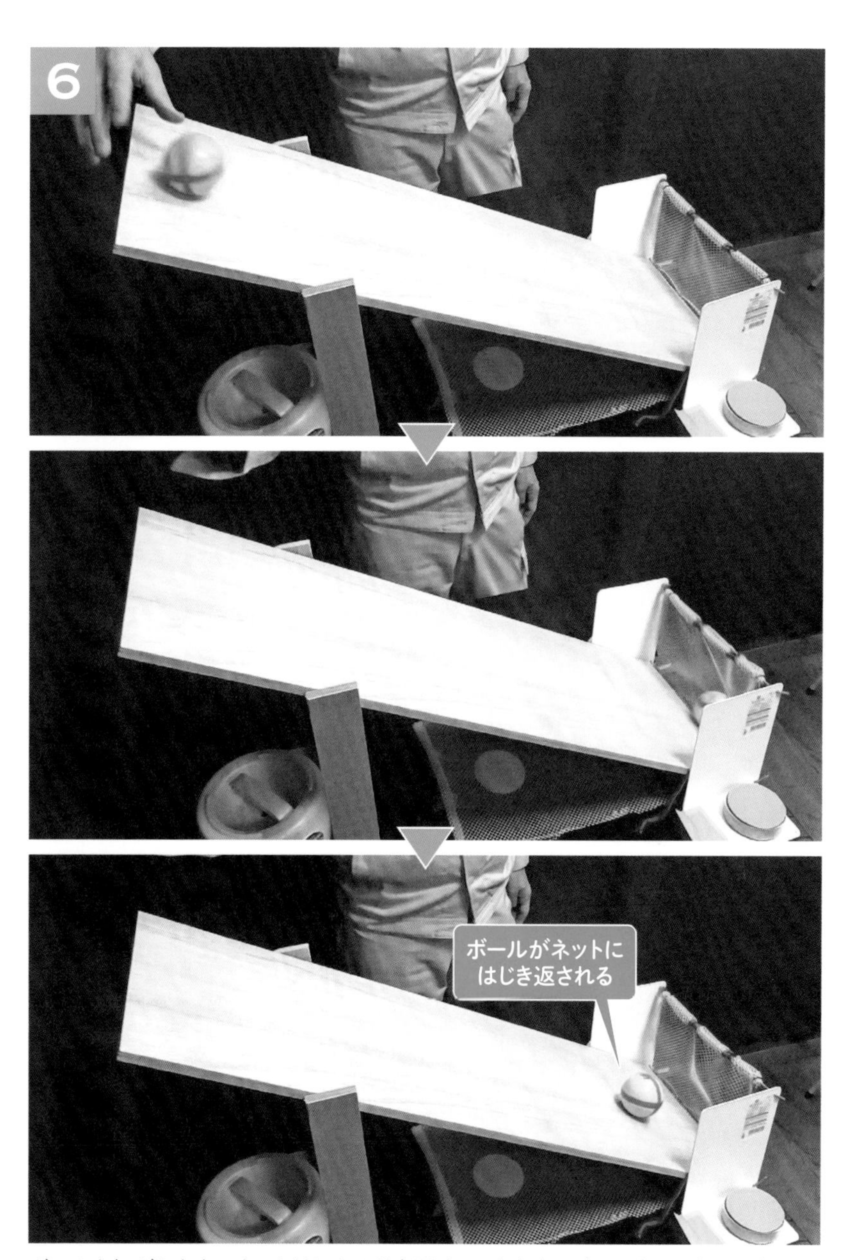

ボールを転がします。ネットはほとんど変形することなく、ボールをはじき返しました。道路際に設置することが多い落石防護柵は、ワイヤや金網、支柱の負荷を大きくすることで、変形量を抑えています

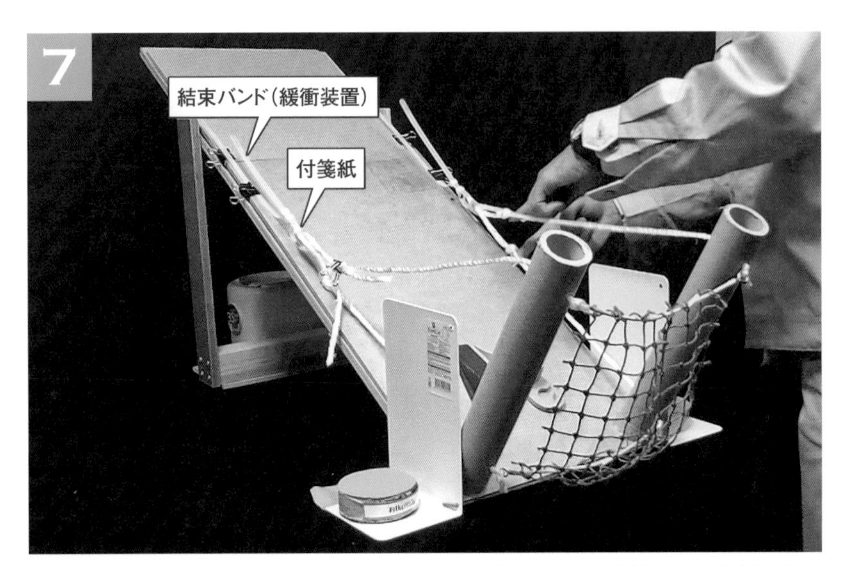

大きな落石エネルギーを効率良く吸収するには、変形を上手に引き出すことが大切です。近年はワイヤの端部などに緩衝装置を取り付けた「高エネルギー吸収タイプ」の落石防護網や防護柵も増えています。結束バンドを緩衝装置に見立てた模型で効果を確かめましょう。結束バンドとロープは付箋紙を介してつながっています

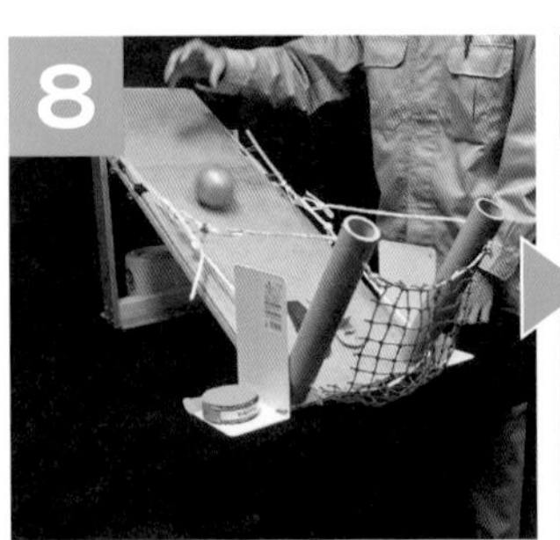

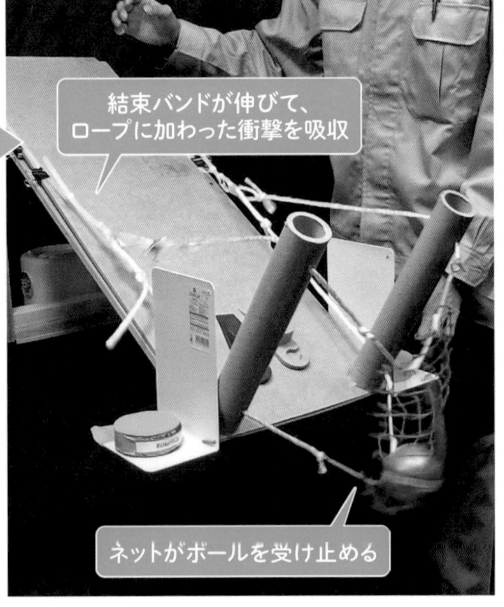

重さ500gのボールを斜面長さ60cmの位置から転がします。ボールがネットに当たった瞬間、結束バンドが摩擦力に抵抗しながらスライドすることで衝撃を吸収しました

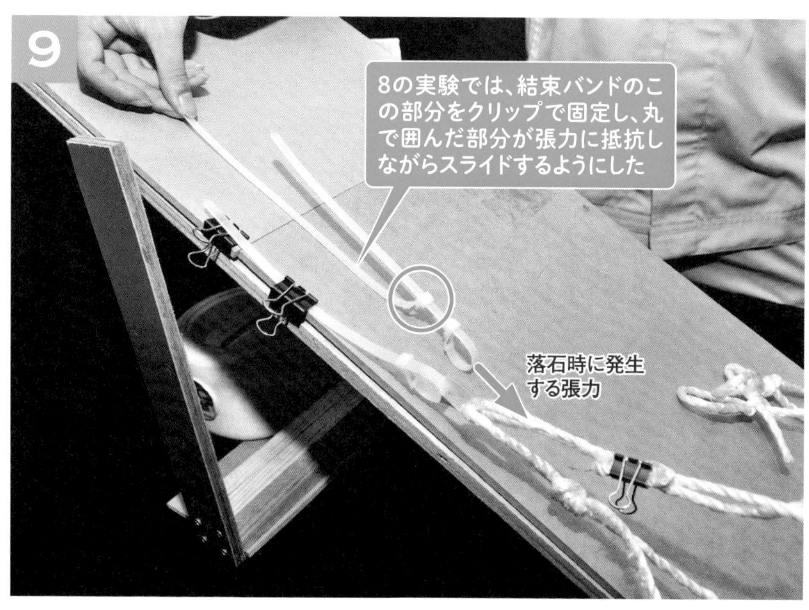

続いて、緩衝装置がない状態を実験します。結束バンドを固定する位置を変えて、スライドしないようにします

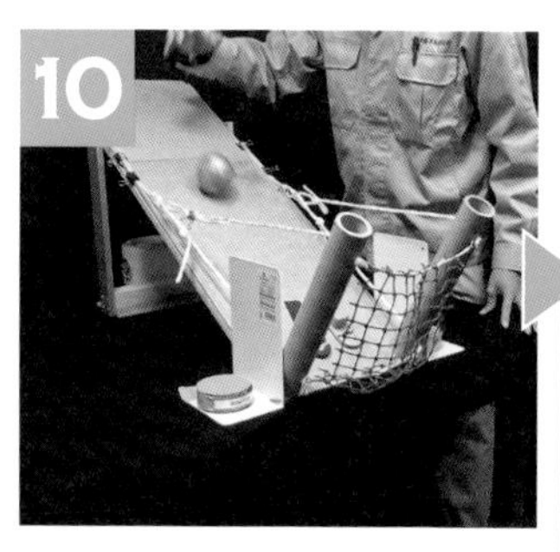

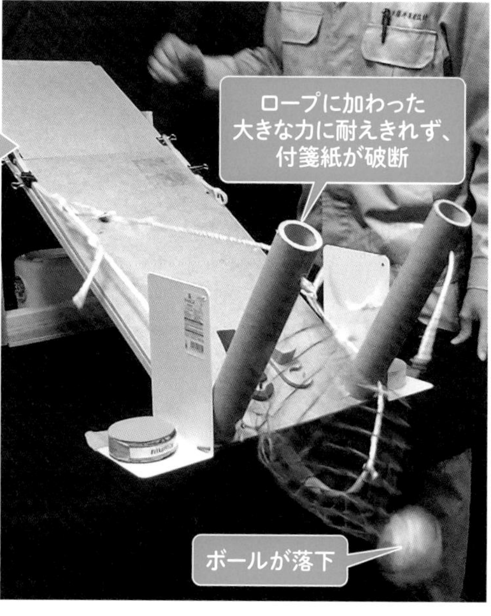

先ほどと同じ位置からボールを転がすと、ネットからロープに加わった大きな力に耐えきれず、付箋紙が破断しました。緩衝装置がなければ、落石を防げなかったことになります

模型の構造とつくり方

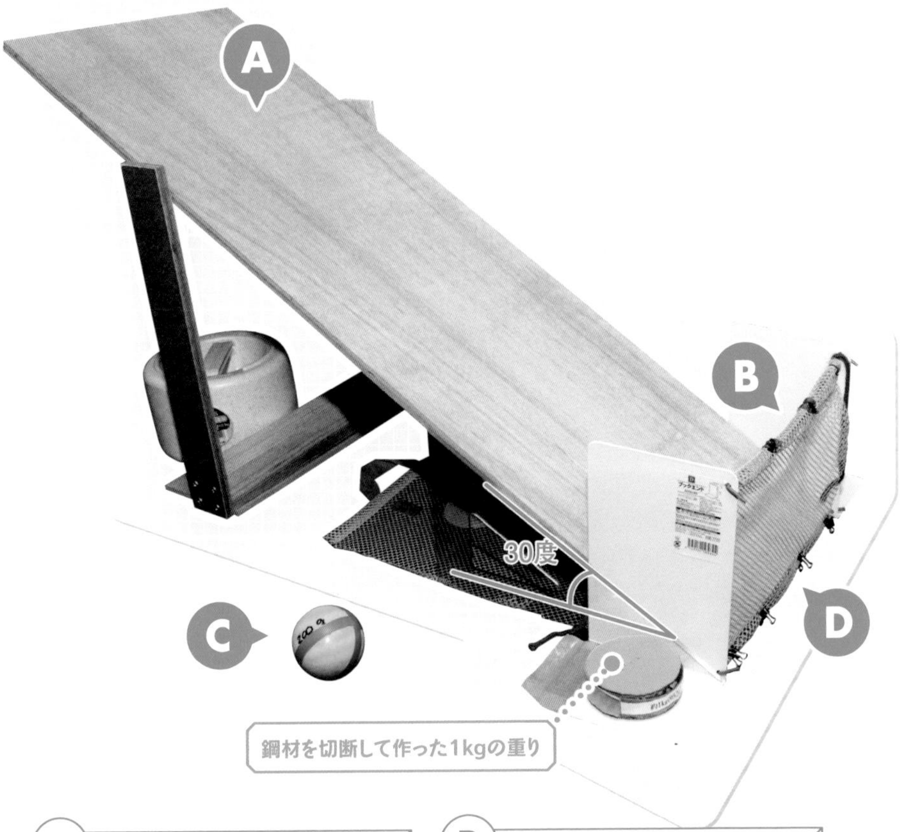

A

B

30度

C

D

鋼材を切断して作った1kgの重り

A 長さが90cmの板を30度の傾斜で立てかける

B 本立ての上下に穴を開けて針金を通し、市販のネットを取り付けてダブルクリップで固定する

C 半分に切って中に砂を詰め、重さを200gにしたゴムボール。右ページの高エネルギー吸収タイプの実験では、重さ500gのボールを使う

D ポケット式落石防護網の実験では、下側のクリップを外してネットを下に垂らしておく

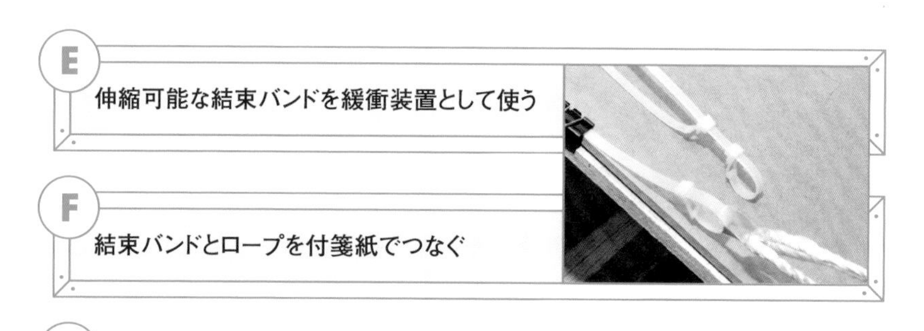

E 伸縮可能な結束バンドを緩衝装置として使う

F 結束バンドとロープを付箋紙でつなぐ

G 紙管の上下に穴を開けて、ネットを支える最上段と最下段のロープを通す

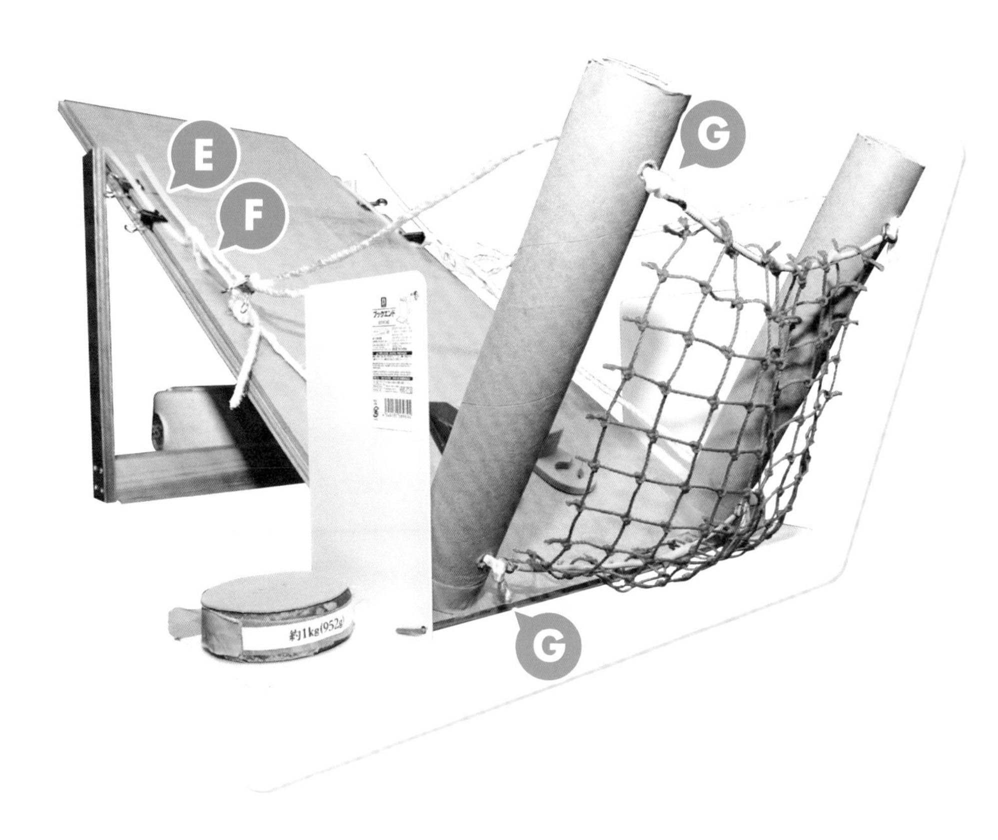

説明で伝えるポイント

落石エネルギーは、落ちてくる石の寸法や発生源から落下地点となる道路までの高さ、斜面の勾配が大きいほど巨大になる。斜面の状態にも左右され、凹凸が少ない硬岩の斜面ほど大きく、土砂やれき混じりで立ち木のある斜面ほど小さくなる。

例えば、直径40cmの石が高さ40m、勾配40度の硬岩の斜面から落ちた際のエネルギーは40kJほど。重さ1tの乗用車を4mの高さから落としたときのエネルギーに匹敵する。

落石の対策は主に2種類。1つは「予防」だ。斜面にある浮き石や転石を取り除いたり、コンクリートやアンカーボルトで固定したりする。

◆ 主な落石防護の種類と適用範囲

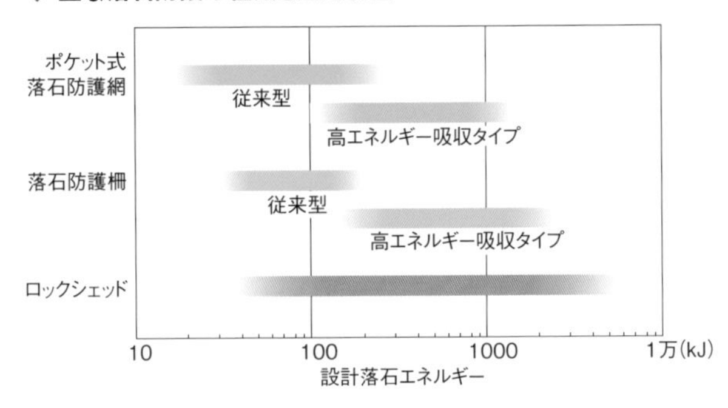

大きな石や高く飛び跳ねながら落ちてくる石が予想される場所では、ロックシェッドなども検討する（出所:日本道路協会の落石対策便覧などを基に日経クロステックが作成）

ポケット式落石防護網の例。斜面の中腹に高さ2～4m程度の支柱を3m間隔で立てるのが一般的だ(写真:藤井基礎設計事務所)

落石防護柵の例。想定される落石の跳躍量などに応じて柵の高さを設定する
(写真:藤井基礎設計事務所)

もう１つが、落ちてくる石を斜面の途中や道路際で待ち受けて捕捉する「防護」だ。ポケット式落石防護網は、斜面の中腹に支柱を立ててワイヤロープや金網を張り、落石を取り込む。落石の発生源全体を覆う必要がないうえ、ワイヤや金網、支柱などそれぞれに作用する張力と変形量を組み合わせて落石エネルギーを吸収できるので、合理的な対策を講じやすい。

落石防護柵の採用例も多い。道路際に設けることが多く、施工上の制約が少ないのが特徴だ。

緩衝装置を組み込んだ高エネルギー吸収タイプの工法は、大きな落石エネルギーを吸収できる。同じ規模の落石を想定する場合、従来工法よりも支柱の間隔を広げられるといった利点もある。

一方、落石が衝突した際の変形量が大きいので、道路際に設ける場合などは注意が必要だ。防護柵を斜面の中腹に設置して、落石エネルギーが小さいうちに捕捉する方法もある。柵の設置延長も短くできる。

高エネルギー吸収柵の1つである「リングネット工法」。落石の衝撃でワイヤロープに張力が加わると、リング状の鋼管（左写真の黄色い円の部分、右の写真）が絞り込まれるように変形して、エネルギーを吸収する。リング状に編み込んだネットもエネルギーを吸収しやすい（写真:藤井基礎設計事務所）

適度な摩擦でトイレットペーパーがエネルギーを吸収

緩衝装置を組み込んだ高エネルギー吸収タイプの落石防護網や防護柵が大きな落石エネルギーに耐えられることは、トイレットペーパーを使った実験でも確かめられる。

まず、左右に30cm離した台の上に、一般的なトイレットペーパーを架け渡す。次に、左右の台に載るトイレットペーパーの上に、四角形の断面をした発泡スチロールの部材と1kgの重りをそれぞれ順に重ねる。トイレットペーパーがスライドすると、発泡スチロールなどとの間に摩擦力が生じる仕掛けだ。トイレットペーパーが動いても発泡スチロールや重りが一緒に動かないように、台の端には突起を設けた。

重さ100gの円柱状の木片を15cm、30cmの高さから落とし、そのときのトイレットペーパーの左右のスライド量を記録する。落下高さが大きくなると、スライド量が増える。張力に相当する摩擦抵抗とスライド量の積で、木片の落下エネルギーを吸収するからだ。

続いて、左右の重りを2kgにして摩擦抵抗を大きくする。この状態で30cmの高さから木片を落とすと、トイレットペーパーは破断してしまった。

トイレットペーパーがネットやロープだとすれば、それに適した摩擦抵抗を与えることが重要となる。

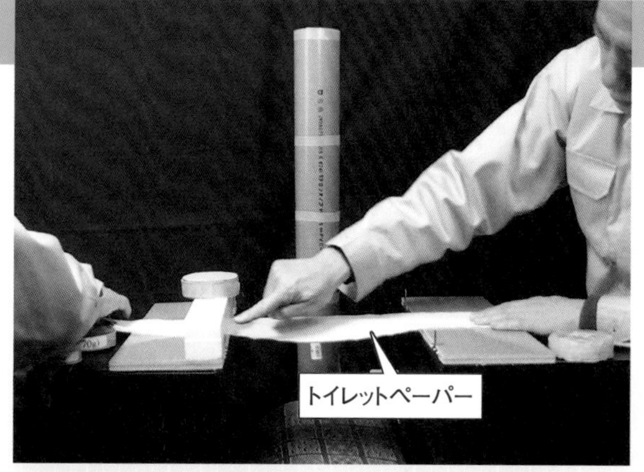

型枠用の合板を敷いた台の上にトイレットペーパーを架け渡す

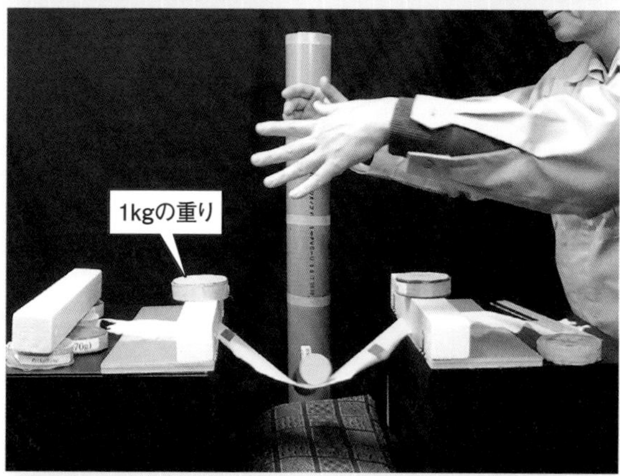

1kgの重りで摩擦抵抗を与え、木片を高さ15cmから落とすと、トイレットペーパーは左右で合計3.5cm、高さ30cmからでは同6cmスライドした

2kgの重りで摩擦抵抗を与え、木片を高さ15cmから落とすと、トイレットペーパーは左右で合計0.6cmスライド。高さ30cmからでは破断した

土塊を動かす水はどこから？

動画のQRコードは
176、177ページ
参照

10

道路の整備などに伴って切り土した法面が、竣工後しばらくして地滑りを起こす場合がある。一連のメカニズムと効果的な対策を、豆腐を使った模型実験で分かりやすく解説する。

模型の使い方と説明例

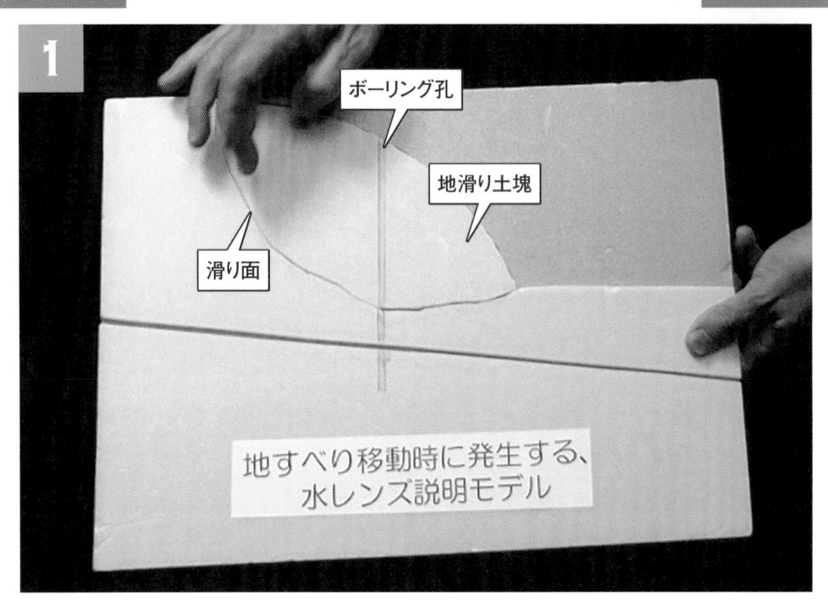

地滑り土塊と水の流れについて、スチレンボードの模型で説明します。地滑り土塊は粘土化が進んでいることが多く、難透水性です。ところが、ボーリングして孔内水位を観測すると、水位が上下に激しく変動していることがあります。なぜでしょうか

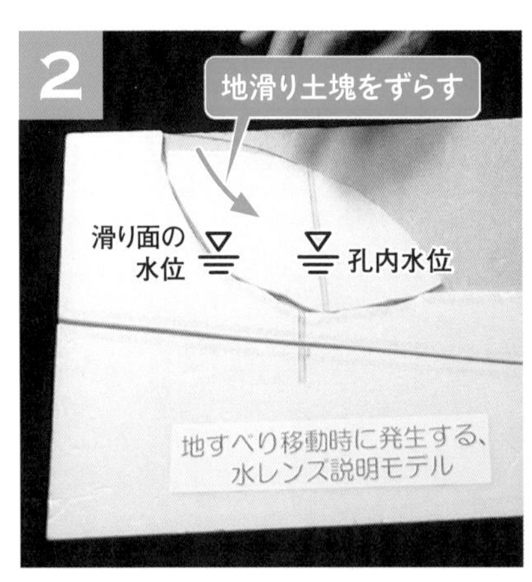

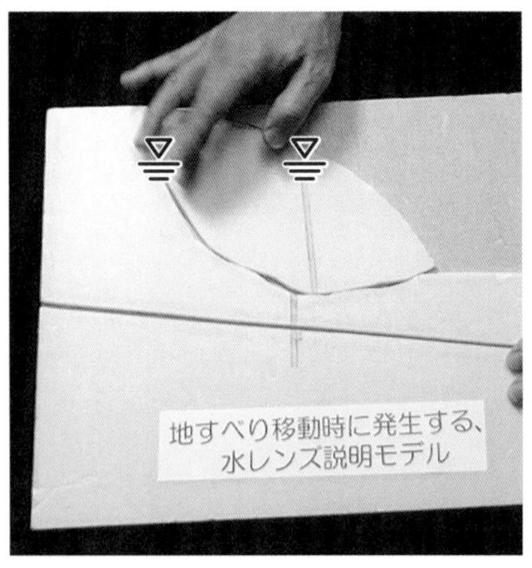

地滑り土塊を滑り面に沿って少しだけずらしてみます。滑り面は完全な円弧ではなく、多少の凹凸があるので、隙間ができます。ここに地表を流れる雨水などが浸透します。滑り面の隙間とボーリング孔がつながっていれば、滑り面の水位が低いと孔内水位は低く(左)、滑り面の水位が高いと孔内水位は高くなります(右)。滑り面の水位が高いほど、大きな水圧が土塊に加わります

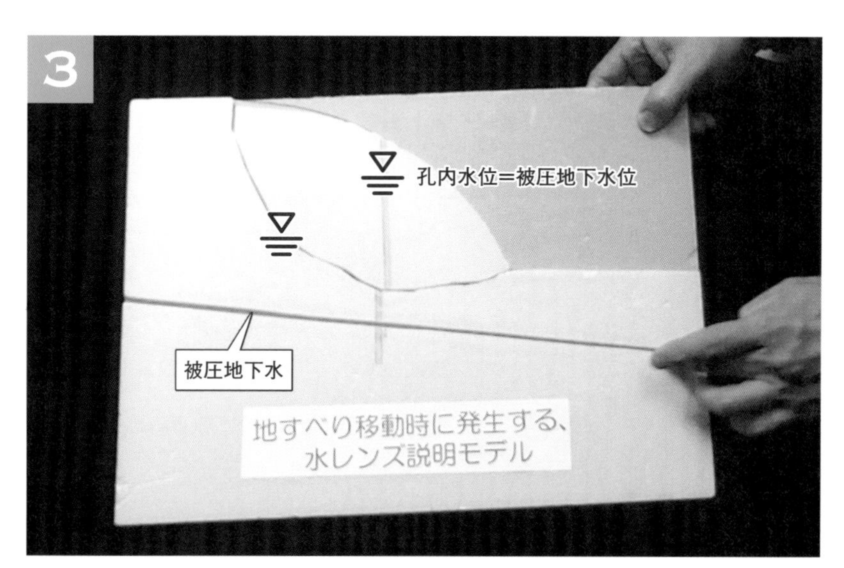

ボーリングが被圧地下水の帯水層に当たっていると、孔内水位は滑り面の水位よりも高くなる場合があります。しかし、滑り面の下にある被圧地下水は地滑りと関係ありません。孔内水位が何を意味しているのか、常に考察することが重要です

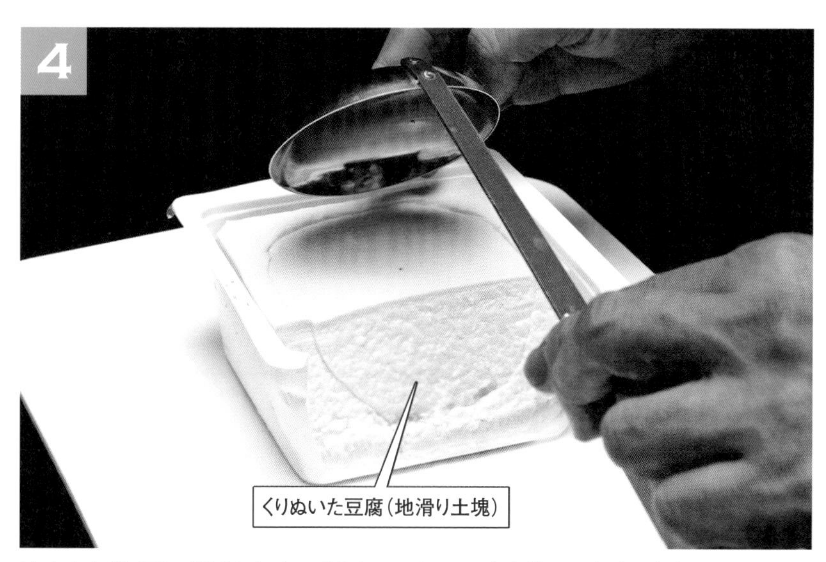

地表から滑り面に浸透した水はどうなるのか、豆腐を使って実験します。おたまなどを使って豆腐を地滑り土塊の形状にくりぬいた後、元に戻します。切断面は滑り面に相当します

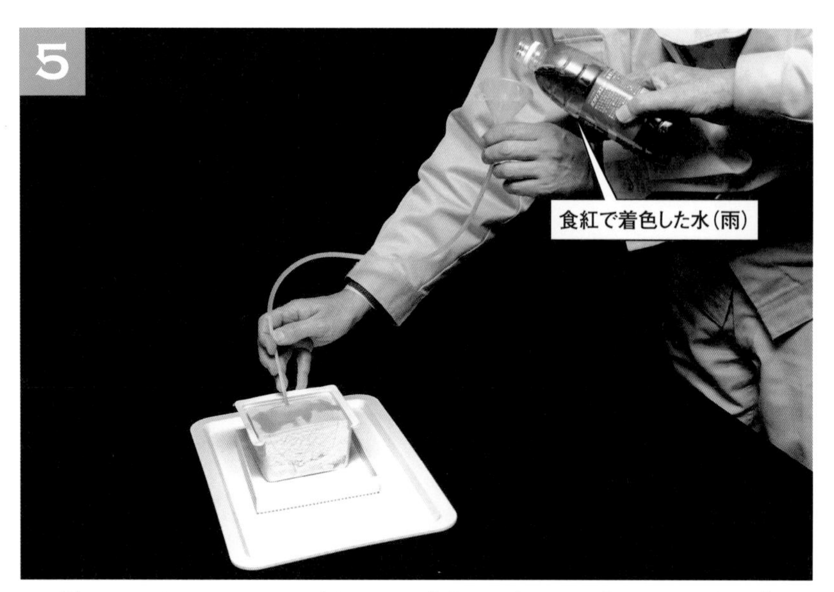

雨が降るとどうなるでしょうか。食紅で緑に着色した水を、豆腐の上面に少しずつ注いでいきます

色水は豆腐の滑り面の切り口に浸透し、前面から出てきます。前面をよく見ると、U字形になった滑り面の下側ではなく、側方から水があふれ出ているのが分かります

豆腐の前面から滑り面がある深さまで、ストローを横方向に上下に2本差し込みます。いわゆる排水ボーリングです。上面から色水を注ぐと、下よりも上のストローから水が多く出てきます

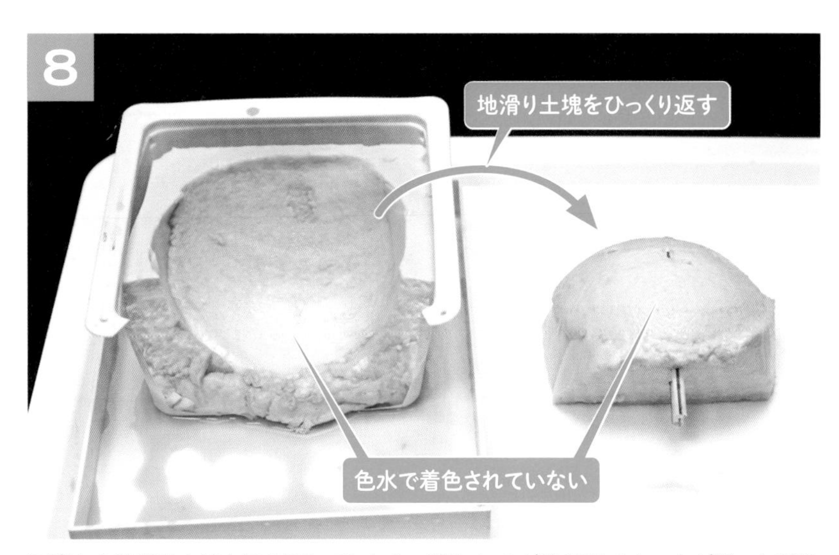

豆腐から地滑り土塊を取り外してみます。現れたのが滑り面です。水が通った部分が緑色に染まっています。主に滑り面の頂部と側面です。一方、滑り面の底面は着色されておらず、水が流れなかったことが分かります。下側のストローから水があまり出てこなかったのはこのためです

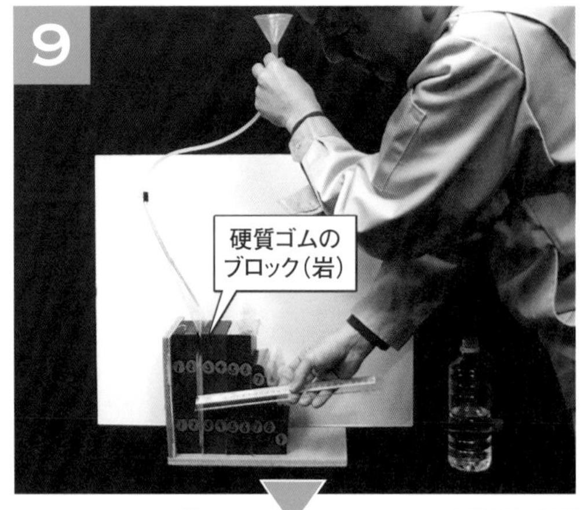

縦方向に亀裂が生じた滑り面の頂部付近や岩の節理面に、雨水が浸透するとどうなるでしょうか。硬質ゴムのブロックを並べ、間に挟んだ透明な袋に水を注いでみます

亀裂に水が入ると、ブロックを押し倒そうとする水圧が働きます。時間がたてば水は抜けるので、袋を引き上げます。ブロックの変形が小さければ、亀裂は閉じて元の状態に戻ります

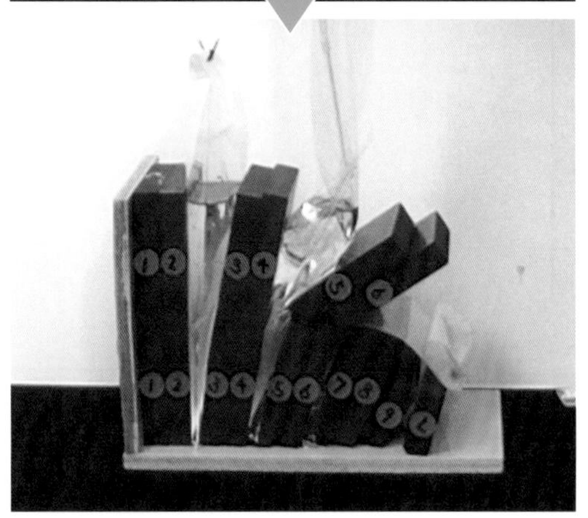

複数の亀裂に次々と雨水が浸透すると、ブロックの変形が進みます。水が抜けたとして袋を引き上げても、大きく変形したブロックや崩れたブロックは元に戻りません

重さ600gで、幅と奥行きが各11cm、高さが5cmほどの鍋用絹豆腐を用意。定規などを使って豆腐の手前を斜めに切り取り、斜面を作る

地滑り土塊を作るため、おたまを使って豆腐をくりぬく。おたまの先端が豆腐の上面と直角になるように合わせ、おたまをカーブに沿って豆腐の中へ差し込んでいく

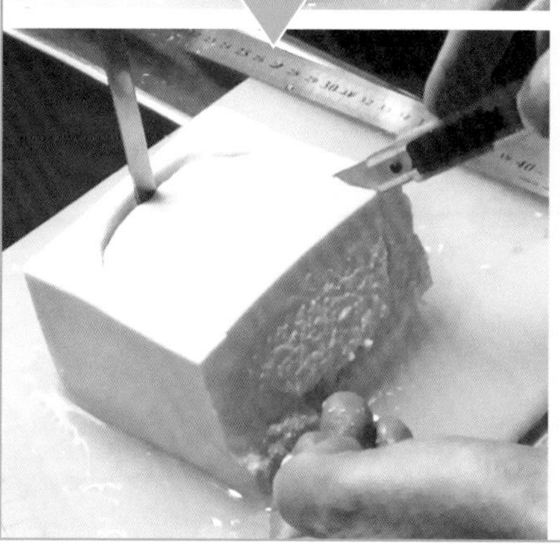

おたまの柄が真っすぐ立ち上がる程度まで差し込んだら、豆腐の上面と前面からカッターナイフで切り込みを入れ、地滑り土塊の形に切り出す。最後に前面を切り取った容器に豆腐を戻す

説明で伝えるポイント

切り土した法面が広範囲にわたって地滑りを起こすトラブルは珍しくない。山陰自動車道の一部となる鳥取西道路では、道路脇の法面がはらみ出し、2017年12月に予定していた開通時期を延期した。

法面は高さ30～35m、幅110mの規模。17年9月から10月にかけて、法面に打ち込んでいた383本のグラウンドアンカーのうち4本が破断し、法面の基準点が10cm動いた。背後の山を含む広い範囲で滑動が生じていると見られた。

多くの地滑りは、地下水が影響している。縦方向にボーリングして孔内水位を観測するほか、降水量や法面の変形量との関係を調べることで、原因となる地下水がどこにあるのかを見極めなければならない。

地滑り土塊の頂部付近には、亀裂が生じている場合が多い。切り土後の法面の緩みによって、表層に分布する岩の節理が開くケースもある。こうした縦方向の亀裂に地表面を流れる雨水などが浸透すると、わずかな水量でも大きな水圧が地滑り土塊に作用する。

対策としてまず、水の供給を絶たなければならない。例えば、地表に水路を設けたり、防水シートを張ったりして、雨水などが亀裂に浸透し

変状が生じた鳥取西道路の法面。2017年11月に撮影。押さえ盛り土などで応急対策している（写真:国土交通省）

ないようにする。

次に、地下水を抜くために横方向の排水ボーリングなどを施工する。この際、地下水がどこに存在するのかを考え、透水性の高い部分を狙ってボーリングを削孔できれば効果が高い。排水ボーリングは滑り面よりも10mほど奥まで貫通させ、滑り面付近にある地下水を確実に抜く。

地滑りの抑制には、地下水排除以外の対策もある。例えば、地滑り土塊の上部を切り土して撤去する方法。逆に、地滑り土塊の下部に押さえ盛り土を施す方法もある。先の鳥取西道路では、抜本対策として切り土した道路部分を改良土で埋め戻し、道路をトンネル構造に改めた。

鳥取西道路とは別の現場で、法面に生じた亀裂の例
(写真:藤井基礎設計事務所)

◆ **地滑り土塊に作用する水圧と適切な排水ボーリングの位置**

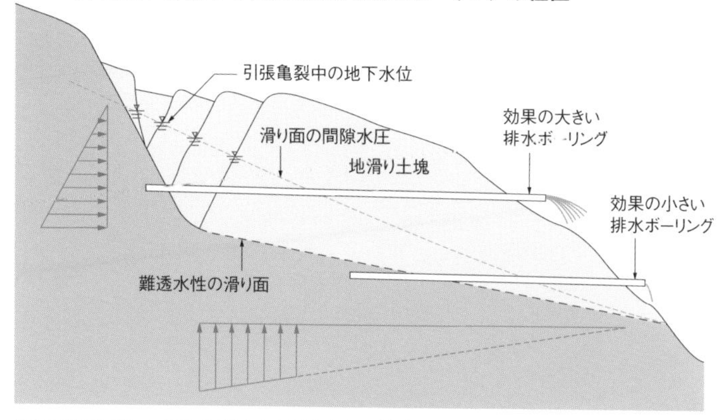

青矢印は地滑り土塊に作用する水圧を表す。排水ボーリングは滑り面よりも10mほど奥まで貫通させる(出所:日経BP「危ない地形・地質の見極め方」)

動画のQRコードは
177-179ページ
参照

11

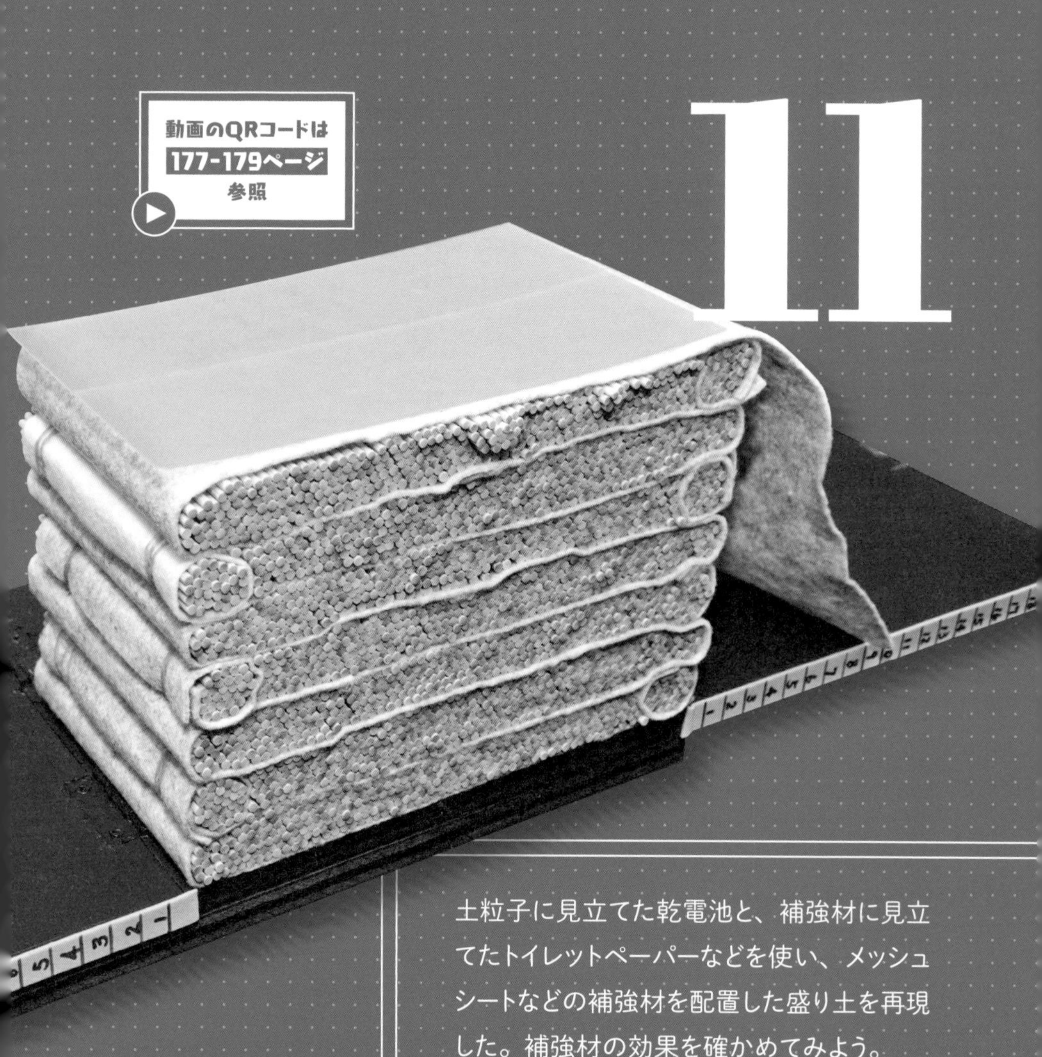

土粒子に見立てた乾電池と、補強材に見立てたトイレットペーパーなどを使い、メッシュシートなどの補強材を配置した盛り土を再現した。補強材の効果を確かめてみよう。

薄いシートで地盤はなぜ強く？

模型の使い方と説明例

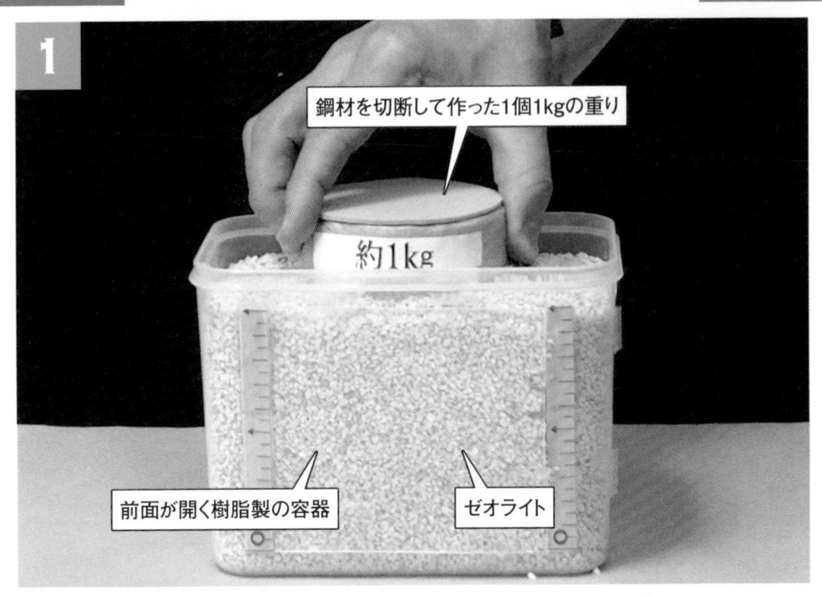

容器の中にゼオライトの砂が入っています。1kgの重りを載せて、容器前面の扉を開くとどうなるでしょうか

当たり前ですが、支えのない砂は崩れ、重りも落下しました

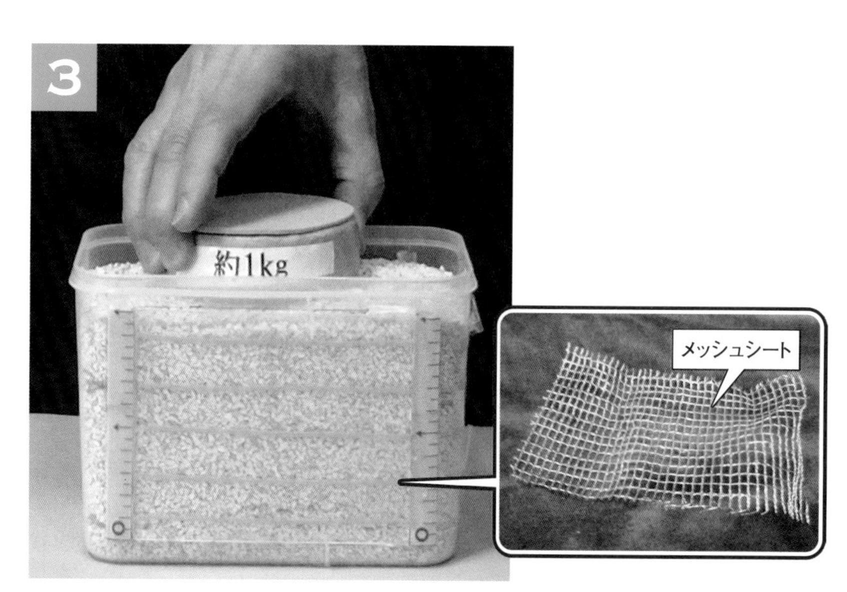

今度は砂の中に複数枚のメッシュシートを入れました（黄色横線の位置）。重りを支える力はどのように変化するでしょうか。先ほどと同様に、1kgの重りを載せて容器前面の扉を開きます

一部の砂はこぼれましたが、全体が崩れることはありません。この状態でさらに重りを載せてみましょう

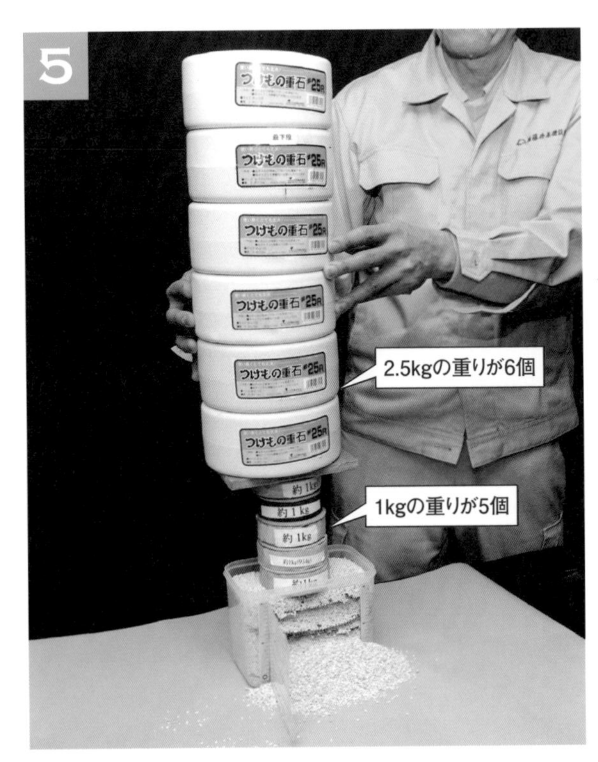

合計20kgもの重りが載りました。それでも砂は崩れることなく、荷重を支えています。下向きの荷重に対して、水平方向にシートを敷いておくと、非常に強くなることが分かります

もしメッシュシートが縦方向（黄色縦線の位置）に入っていると、どうなるでしょうか

縦方向のメッシュシートには、砂を止める効果がありません。シートがない場合と同じように、1kgの重りでも容器の扉を開いた途端、砂がシートの隙間から崩れてしまいました

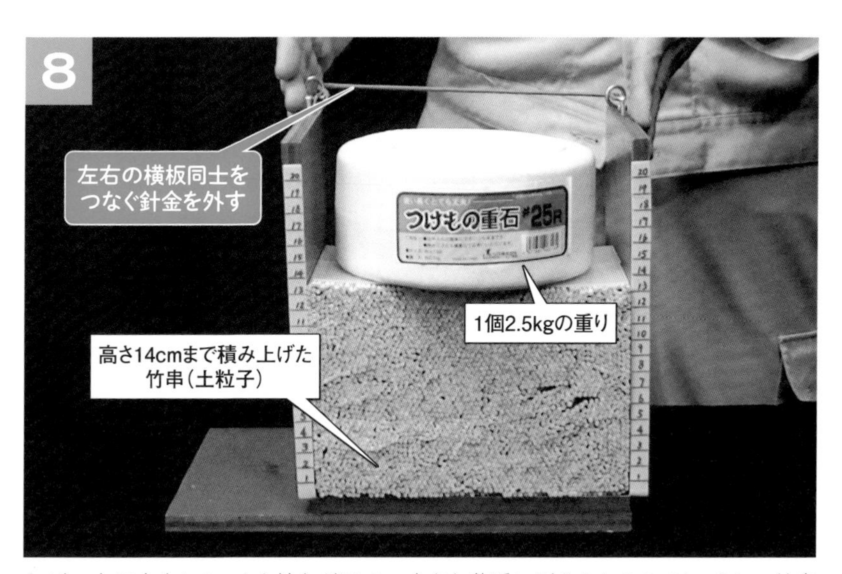

なぜ、水平方向にシートを挟むだけで、大きな荷重に耐えられるのでしょうか。竹串を土粒子に見立てた2次元の模型で、現象を簡単に見ていきます。2.5kgの重りを載せ、横板を左右にゆっくり開いてみます

竹串を左右から支える壁がなくなるので、横板を開いた途端、竹串は崩れてしまいます。土粒子を模した竹串同士は、押し付け合う力に強い一方、広がったり離れようとしたりする引張力には弱いからです。横板が開いて竹串同士に左右方向の引張力が生じた結果、重りを支えられなくなりました

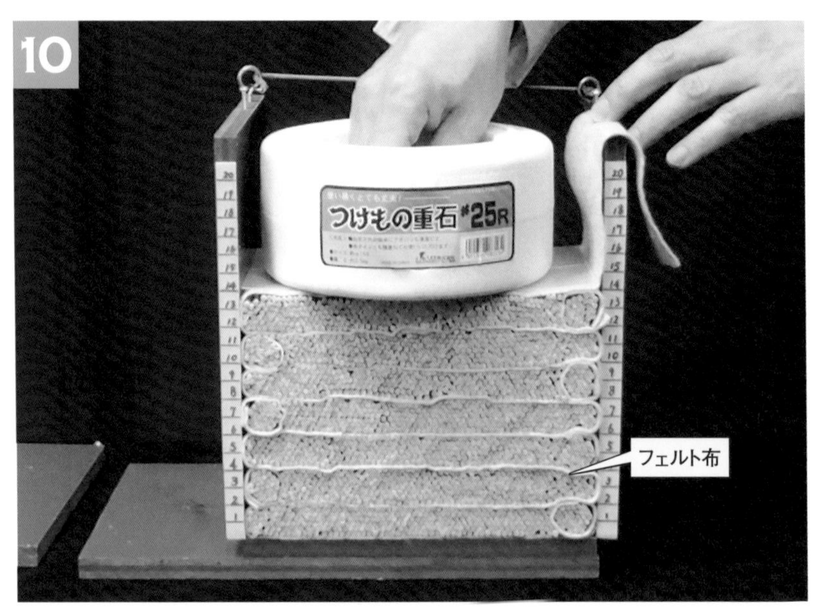

次は、竹串の中にフェルト布を2cm間隔の高さでつづら折りに敷いた模型で実験してみましょう。2.5kgの重りを載せて、横板を開きます

横板の支えがなくても、竹串は崩れることなく自立します。この状態で、さらに重りを載せてみましょう

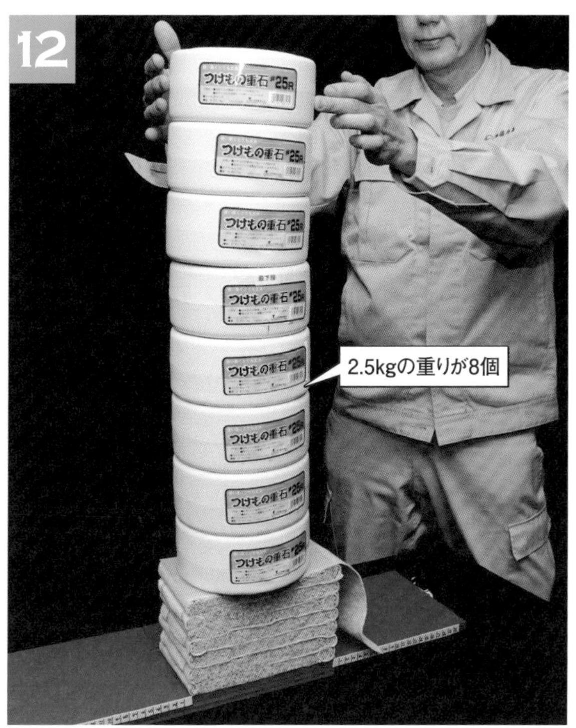

合計20kgが載っても、竹串は崩れません。フェルト布が、左右に広がって崩れようとする竹串の変形を抑える引張補強材の役割を果たしているからです。フェルト布と竹串との摩擦による引き抜き抵抗力やかみ合わせ効果によって、地盤の強さを高めています

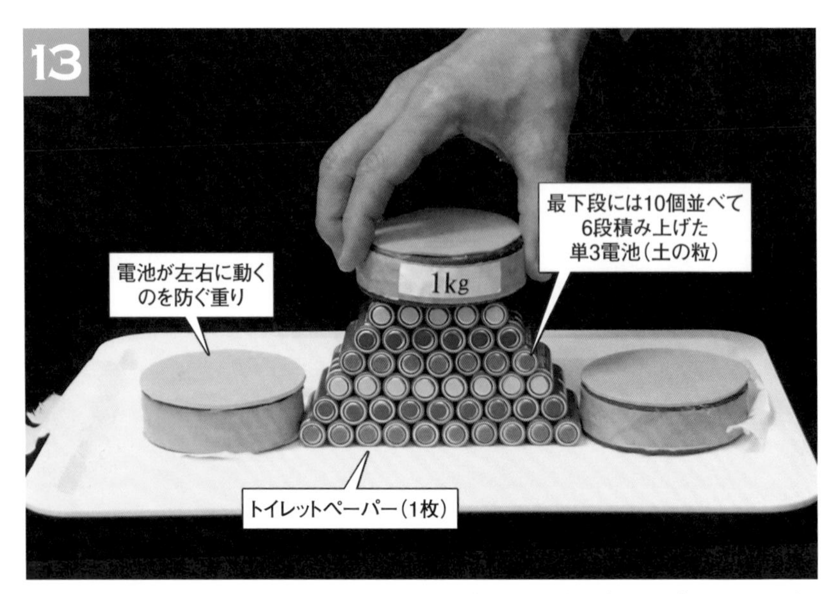

最後に、単3電池を使った原理実験をお見せします。電池を積み上げて山にします。電池1つ1つが土の粒です。重りを載せると電池がどのように動くのか、注目してください。まず、1kgの重りを載せます

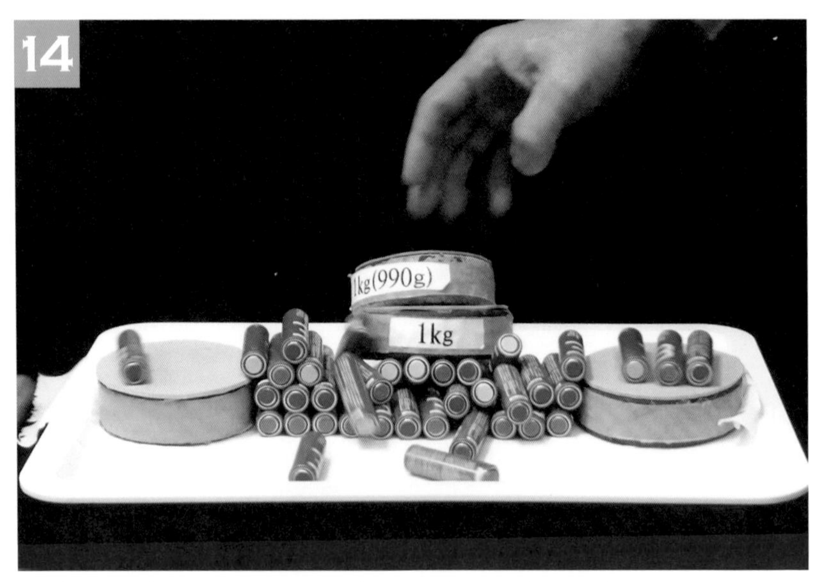

重りをもう1つ載せて計2kgになった瞬間、電池の山は崩れました

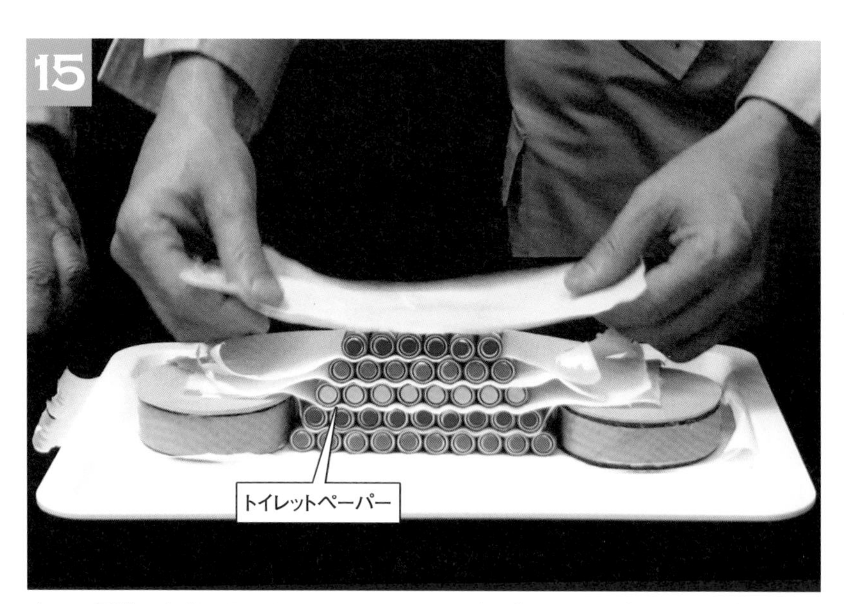

次は、電池の各段の間にトイレットペーパーを1枚ずつ挟みながら積み上げていきます。電池の数は先ほどと全く同じです

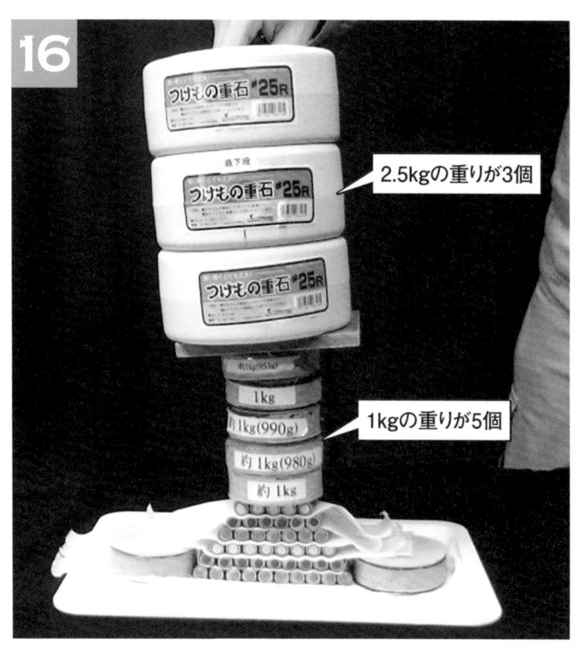

重りをどんどん載せていきます。合計12.5kgになっても崩れません。トイレットペーパーを挟むことで、広がって崩れようとする電池の力を食い止めているのです

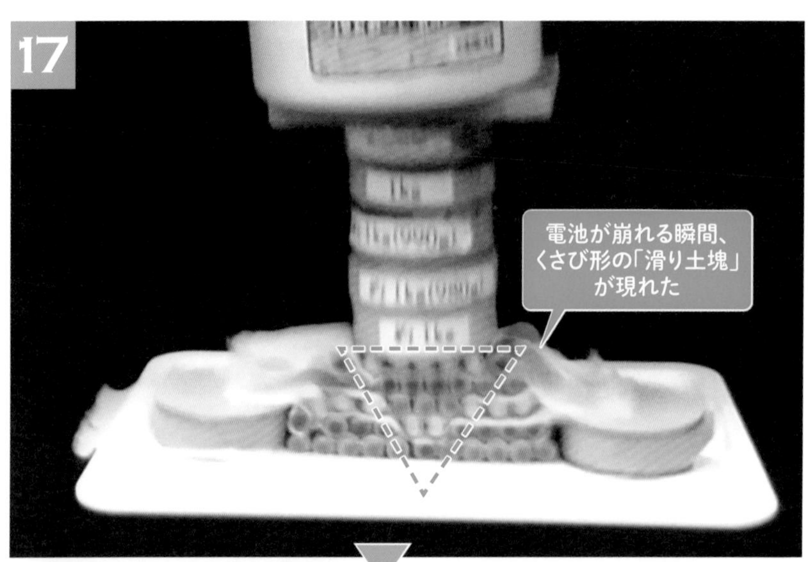

さらに2.5kgの重りを載せて合計15kgに達した時、電池の山が崩れました。トイレットペーパーを挟まない場合は合計7kgで崩れました。薄いトイレットペーパーを挟むだけで、強度がかなり増したことになります

模型の構造とつくり方

樹脂製の透明容器

A

B

A

メッシュシート。縦方向に取り付ける場合は、糸を張って上端を固定してから、ゼオライトの砂を入れるとよい

B

前面の扉はカッターで容器を切断して作り、セロハンテープで固定する

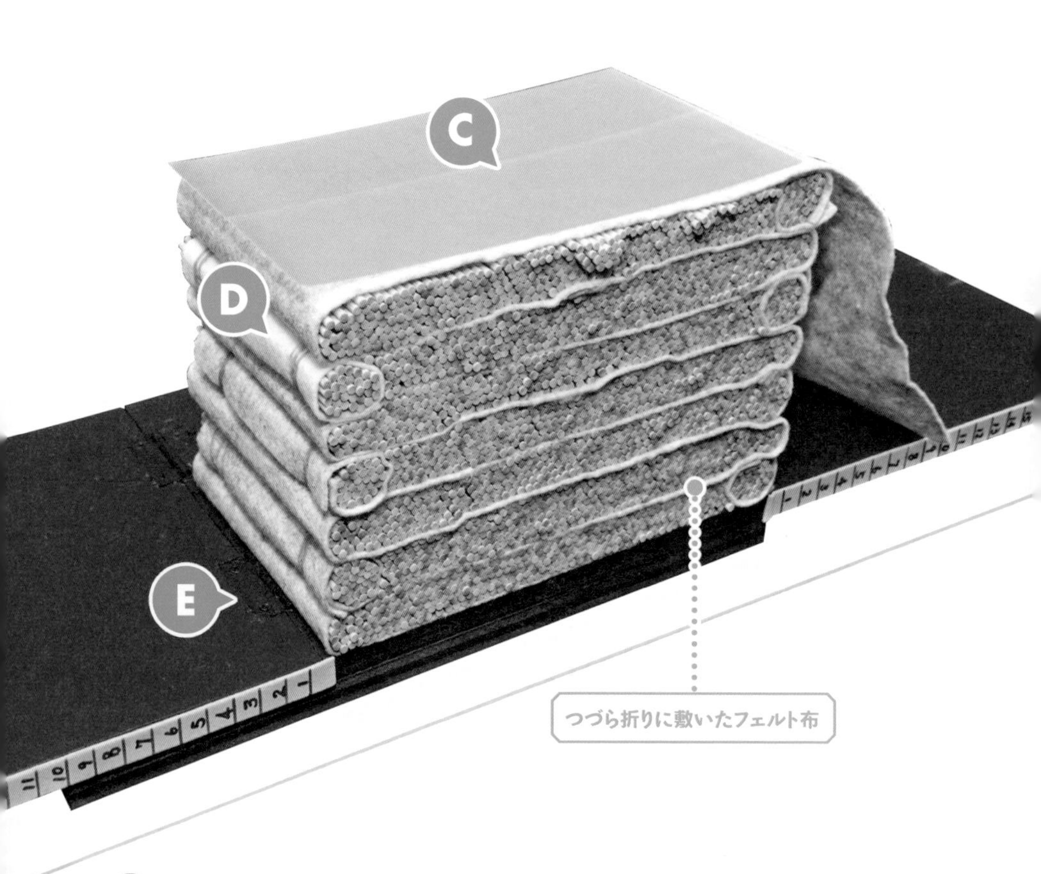

C

薄いプラスチック板を敷いた上に重りを置く

D

つづら折りのフェルト布がない開放側の側面には、フェルト布で直径2cmの太さに巻いた竹串の束を置く

E

横板の下端は、ちょうつがいで固定したヒンジ構造

説明で伝えるポイント

土粒子は押し付け合う力に強く、離れようとする力に弱い。電池を使った実験では、電池が横に広がるのを補強材のトイレットペーパーが防ぎ、電池に押し付け合う力を生み出した。その力によって土粒子がずれにくくなり、土が格段に強くなる。

この効果を生かしたのが、日本の伝統工法で使う土壁だ。「木舞」と呼ぶ縦横に組んだ竹や細木の下地に、水で練った土を塗り付ける。

この際、補強材として10cm程度の長さに刻んだわらなどを土の中に混ぜておく。わらは土と土をつなぐ役割があり、施工時の材料落下や乾燥後の収縮ひび割れを防ぐ。今回の実験で薄いシートと同じ役割をしている。

同様の技術は、現代の工法にも応用されている。

例えば、日特建設が開発したジオファイバー工法。空気で圧送した砂

◆ 土粒子の基本性質

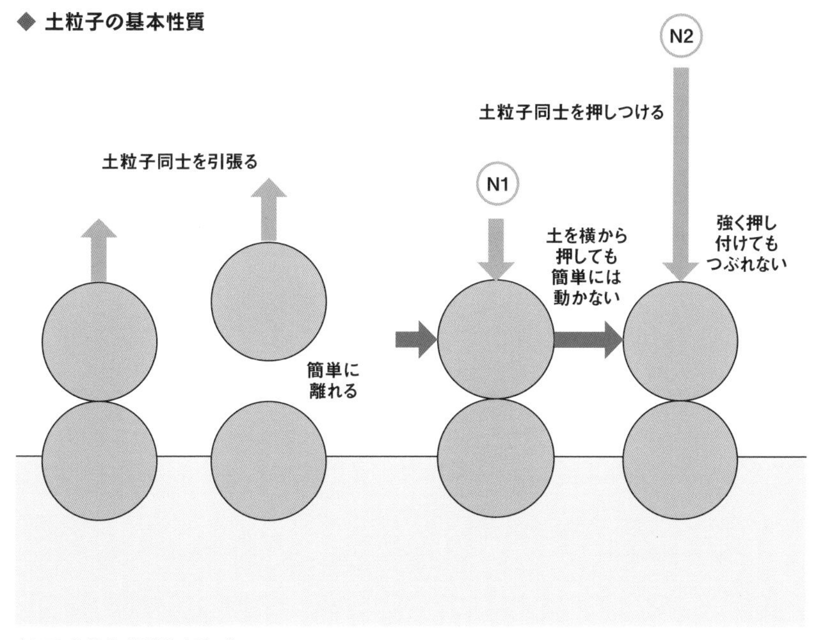

（出所:藤井基礎設計事務所）

質土と、ポリエステル製の連続繊維を高圧水で同時に吹き付けて、法面の表面に厚さ20cm以上の連続繊維補強土を築く。土は下図のような押しつけられた状態になる。連続繊維を折り返すように水平に吹き付けるので、土を連続繊維で挟むことになり、その結果強い壁を構築できる。

吹き付けコンクリートや法枠の代わりとして法面を保護するだけでなく、植生の生育基盤にもなる。

模型実験で取り上げたメッシュシートのような材料も、補強盛り土工法や補強土壁工法で採用されている。例えば、盛り土材として使う建設発生土などの強度不足を補うために、ジオテキスタイルと呼ぶメッシュシートなどを引張補強材として敷設する。メッシュシートに挟まれた土には押しつけ合う力のみが働く。そのため土粒子がずれにくくなり、安

◆ ジオファイバー工法の断面イメージ

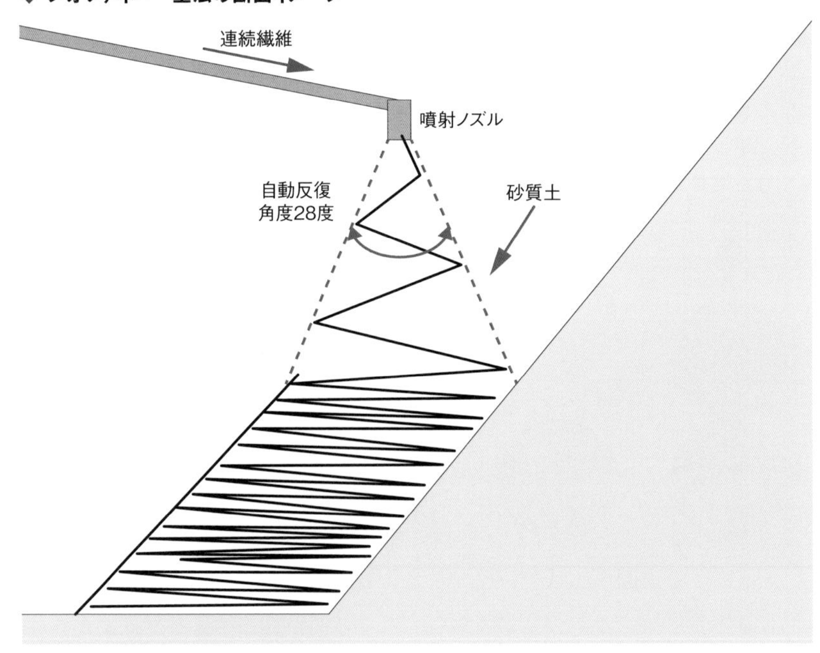

（出所：日特建設）

上はジオファイバー工法で連続繊維補強土を施工する様子。補強土は粘着力を持ち、人が載っても崩れない（写真:日特建設）

メッシュシートを使った盛り土工事の現場。法面には植生土のうを配置した（写真:藤井基礎設計事務所）

定した土擁壁となる。地震時には変形を許容しながら安定した土擁壁を維持できる点が特徴だ。

模型実験の内容が実際の現場でどう使われているのか、紹介しながら説明すると、理解を深めやすい。

◆ 補強盛り土の断面図

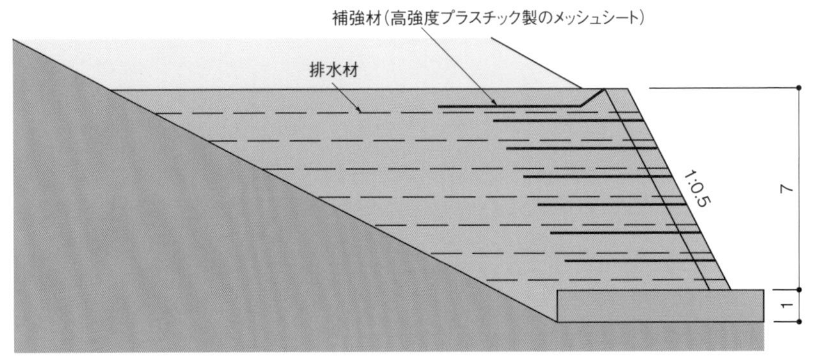

143ページの下写真の現場の断面。メッシュシートを層状に敷設して、盛り土の安定性を高める
（出所：藤井基礎設計事務所）

地盤が滑り出すのはなぜ？

動画のQRコードは
179-181ページ
参照

5
4
3
2

12

地滑りなどの土砂災害が起こるメカニズムを、積み木ブロックによる実験で確かめる。インスタントコーヒーの粉末などで、褶曲（しゅうきょく）などが生じる様子も再現できる。

模型の使い方と説明例

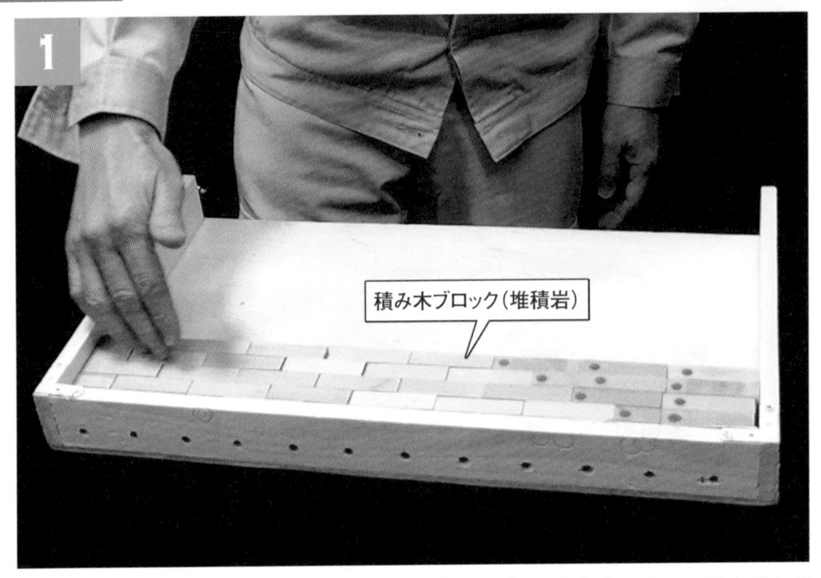

地層の成り立ちを見ていきましょう。木枠に積み木ブロックを並べます。砂や泥などが水中で水平に降り積もってできた堆積岩を表しています

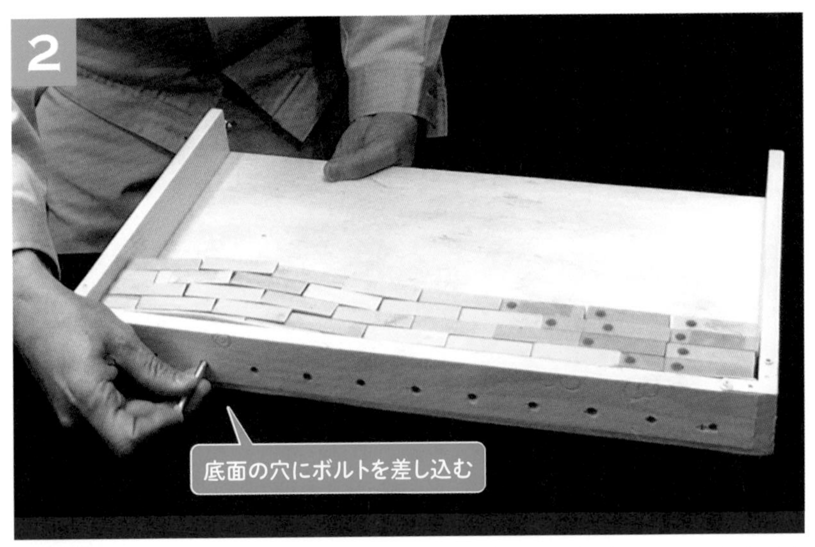

地殻変動によって横方向に圧縮されると、地層が波形に曲がります。これを褶曲(しゅうきょく)と呼びます。木枠の底面の穴にボルトを差し込んで、ブロックを波形に盛り上げてみましょう

ブロック同士の隙間が縦方向や横方向に開いています。褶曲した実際の地盤でも同様の割れなどが発達することが珍しくありません

褶曲の結果、最初は水平だった地層が斜めになることがあります。この時、割れなどが原因となって地滑りが発生しやすくなります

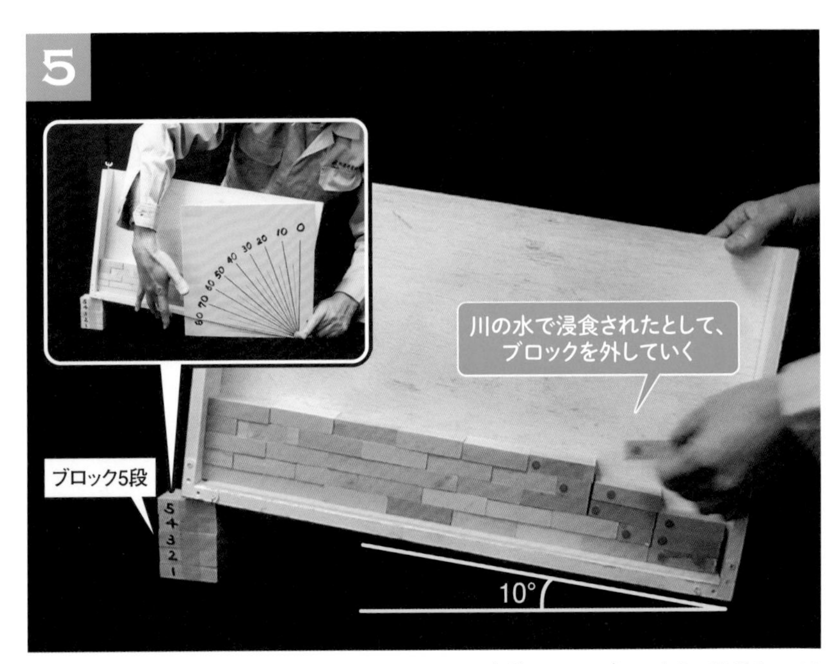

傾斜した地層が浸食されるとどうなるでしょうか。木枠の下にブロックを5段重ねて10度傾け、川の水で浸食されたとして下方のブロックを外してみましょう

時間をかけて地盤の浸食が進んだ状態です。下方のブロックが無くなりましたが、上方のブロックはそのまま残っています

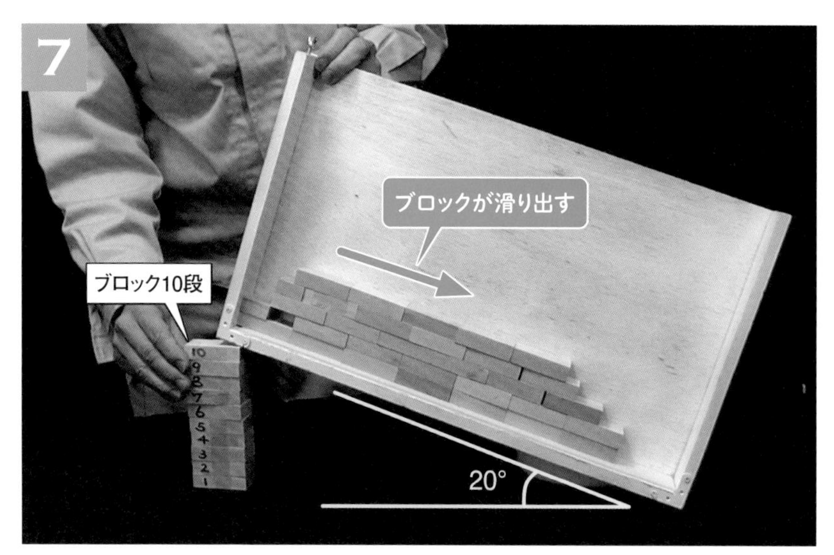

もし地層の傾斜が大きくなると、どうなるでしょうか。木枠の下にブロックを1個ずつ足して計10段になった時、上方のブロックが滑り出しました。傾きが急になるほど、地盤は動きやすくなります

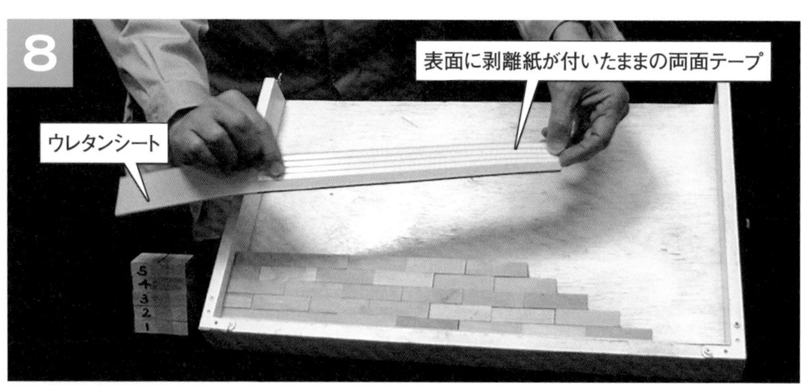

今度は表面につるつるの剥離紙が付いたままの両面テープを貼ったウレタンシートをブロックの間に挟んでみます

先ほどと同様、木枠の下にブロックを1個ずつ足していくと、計7段で上方のブロックが滑り出しました。地層中に滑りやすい面があると、より緩やかな傾斜でも地盤が動くことが分かります

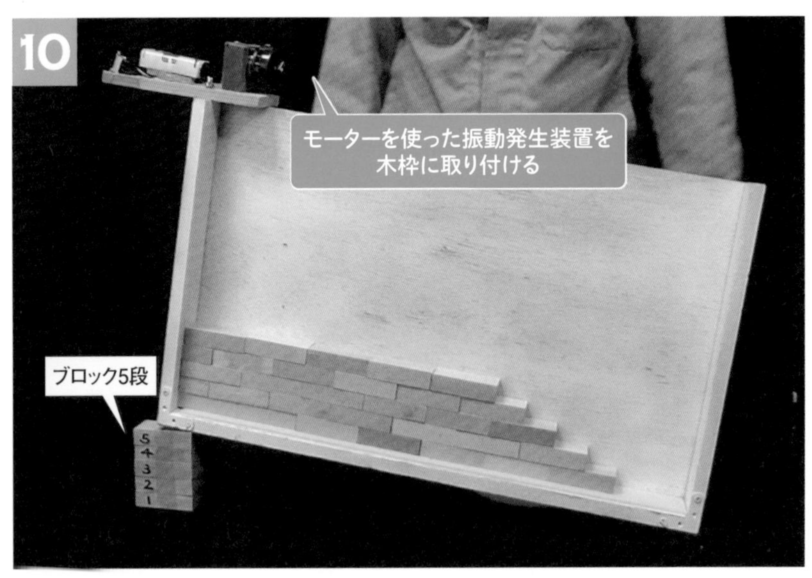

揺れが加わると、どうなるでしょうか。振動発生装置を木枠に取り付けます

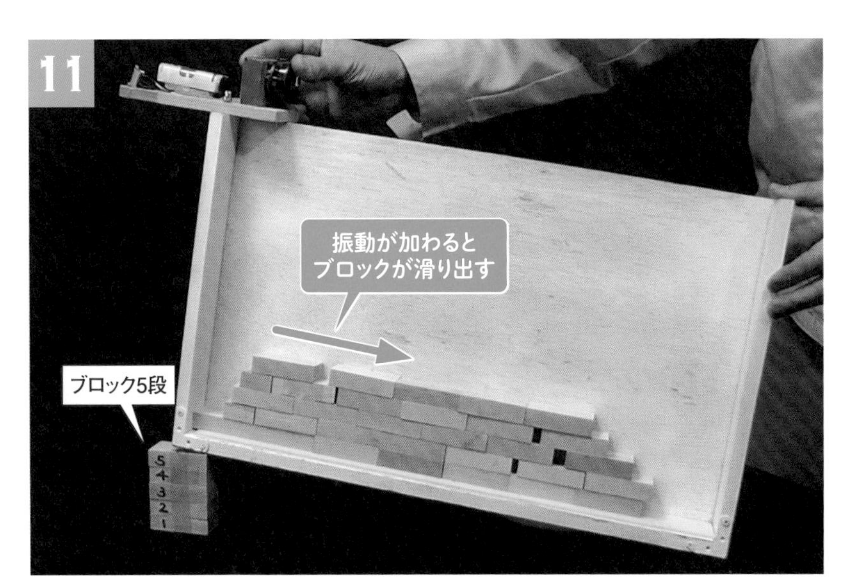

装置をオンにして振動を加えると、木枠下のブロックは5段のままにもかかわらず、木枠内のブロックが滑り出しました。地震などが発生すると、地盤は動きやすくなります

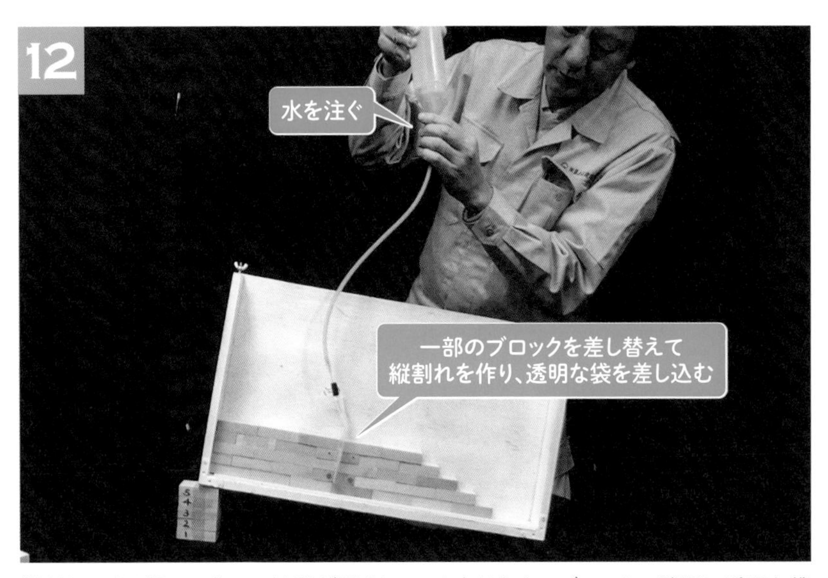

縦割れに水が入ることで、地盤が動くケースもあります。ブロックの隙間に透明な袋を差し込み、水を注いでいきます

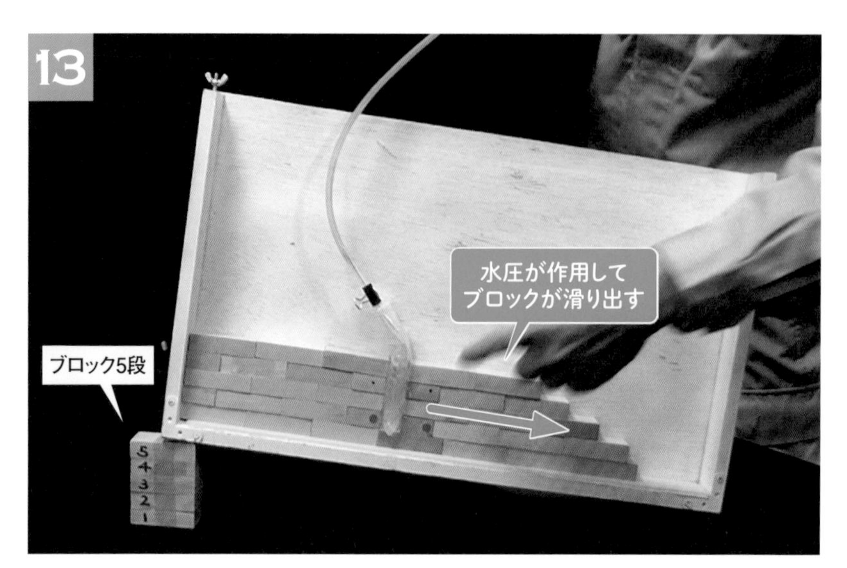

木枠下のブロックは5段のままにもかかわらず、袋に水が入ると水圧が作用してブロックが滑り出しました。縦亀裂が水で満たされると、岩盤をも動かす大きな力が生じることがあります

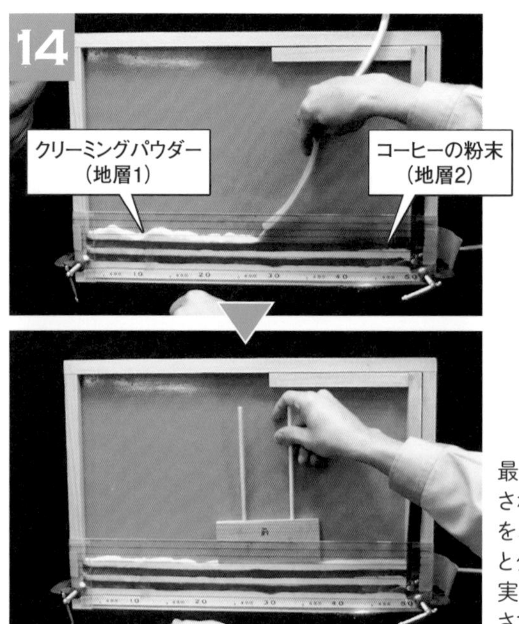

最後に、地層が横方向に圧縮されるとどのように変化するのかを、インスタントコーヒーの粉末とクリーミングパウダーを使って実験します。それぞれ一定の厚さで交互に敷き詰めます

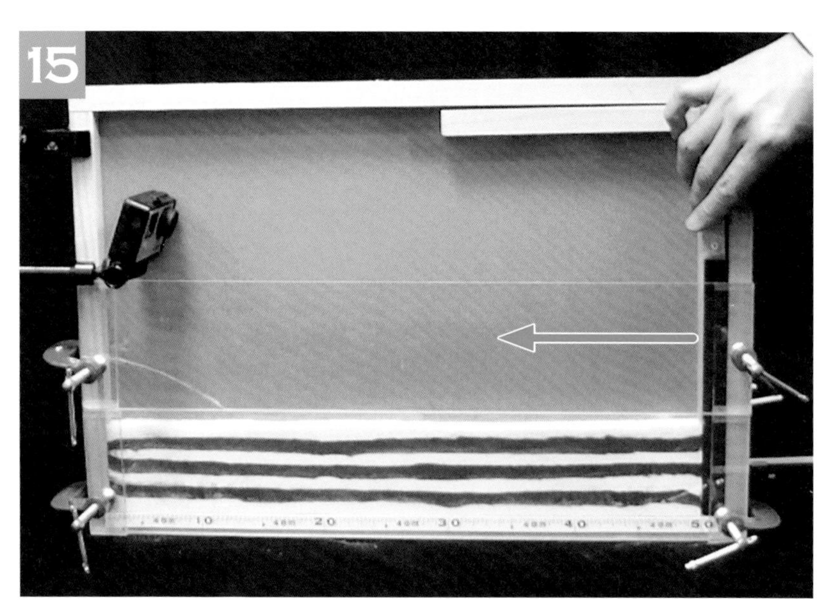

木枠にセットした縦棒を水平方向にゆっくりとスライドさせていきます

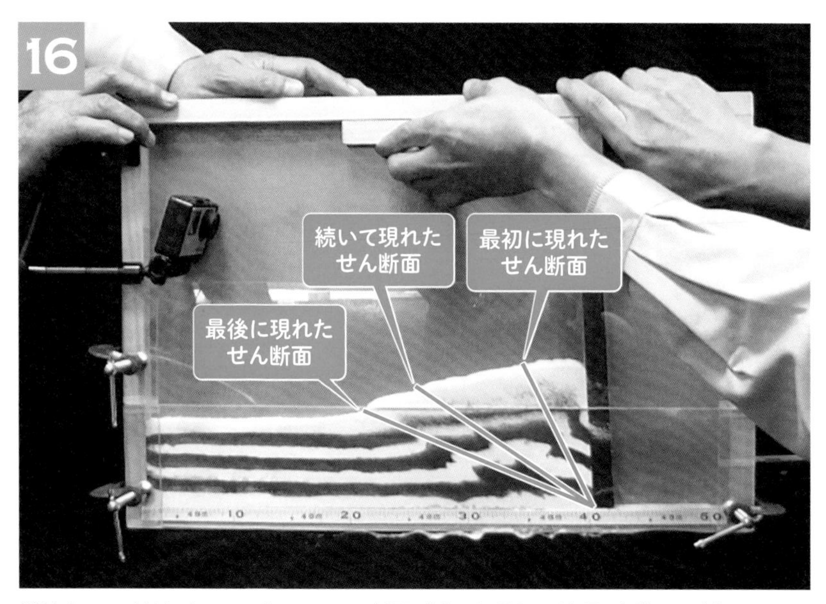

縦棒をスライドさせるにつれて、せん断面が次々と現れ、地層がずれて波打つようになるのが分かります。褶曲をはじめとするぐにゃぐにゃな地層が再現できました

模型の構造とつくり方

ウレタンシート
積み木ブロック
ボルト

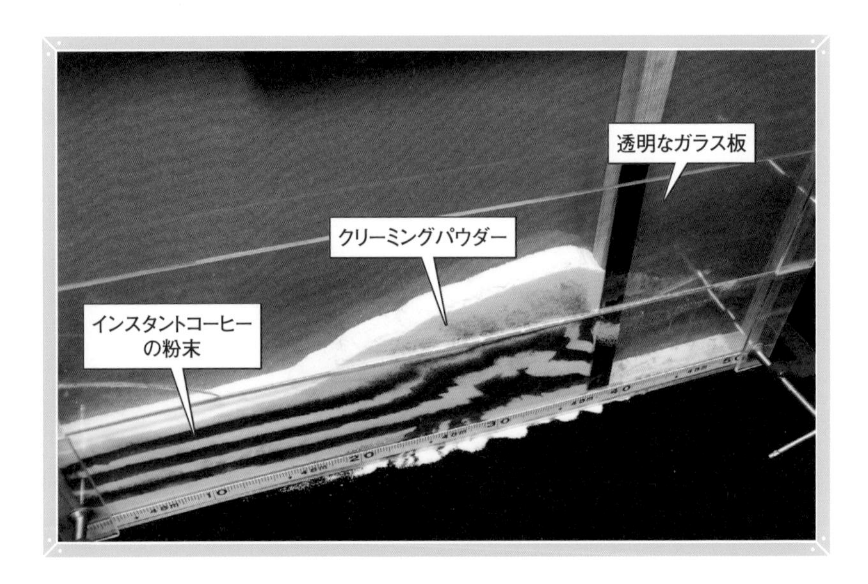

説明で伝えるポイント

日本列島周辺は、太平洋側から日本列島の下に潜り込む太平洋プレートなどの運動によって、複雑な力を受けている。砂や泥などが水中で水平に降り積もってできた堆積岩は、こうした地殻の変動で横方向の圧縮力を受けることで波形に褶曲（しゅうきょく）する。

斜めになった地層は、様々な要因がきっかけで崩れることが珍しくない。2004年の新潟県中越地震で発生した「横渡地滑り」もその1つだ。新潟県小千谷市にある野辺川沿いの斜面が滑り、崩れた土砂が国道や河道を塞いだ。

横渡地滑りの現場には、模型実験で使った斜めの積み木ブロックのような地層が見られる。地震の揺れが地滑りの直接の原因だが、斜面の下方に国道を通すための切り土や川の水による浸食も、斜面の不安定化に関係した可能性がある。

こうした地層では、過去に滑った形跡があるかどうかや、ボーリング調査で滑りやすい面が連続しているかどうかなどを調べる。対策が必要な場合は、アンカーを打設して地盤の変形を防ぐケースが多い。

横渡地滑りの側方崖。節理が発達した砂質シルト岩で、右の青矢印のようにブロック間に粘土化した地層も見られる（写真:藤井基礎設計事務所）

（写真：167ページまで特記以外は藤井基礎設計事務所）

13

動画のQRコードは
181ページ 参照

シールド機が土砂を取り込み過ぎるとどうなる？

砂やアクリル板、風船を使った簡易な模型で、シールドトンネルの陥没事故を再現する。砂地盤が乾燥や不飽和、飽和の状態で性質が変化することを説明する。

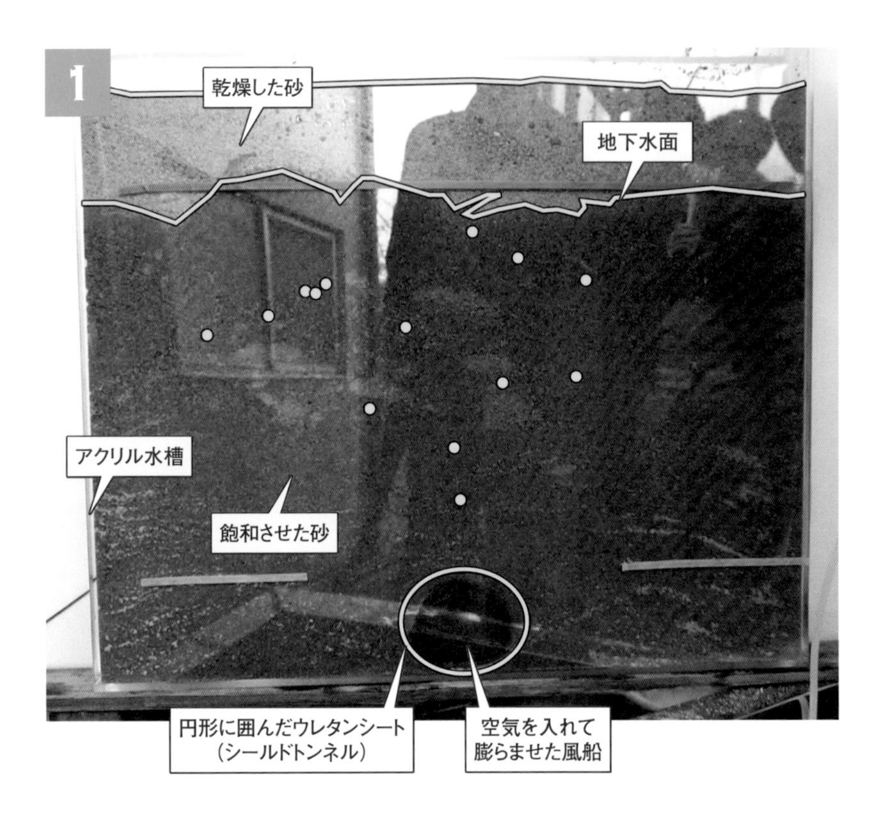

シールドトンネルの掘削中に、シールド機の真上で陥没事故が発生することがあります。どういったメカニズムで起こるのでしょうか。ドボク模型で再現してみたいと思います。まずは60cm×60cm×4cmのアクリル水槽を作成。トンネルは円筒形に丸めたウレタンシートの中に、膨らませた風船を入れて再現します。そこに中砂主体の土砂を一定の高さ（オレンジ色の線）まで入れた後に水を注いで飽和。その上に乾燥した砂を入れます

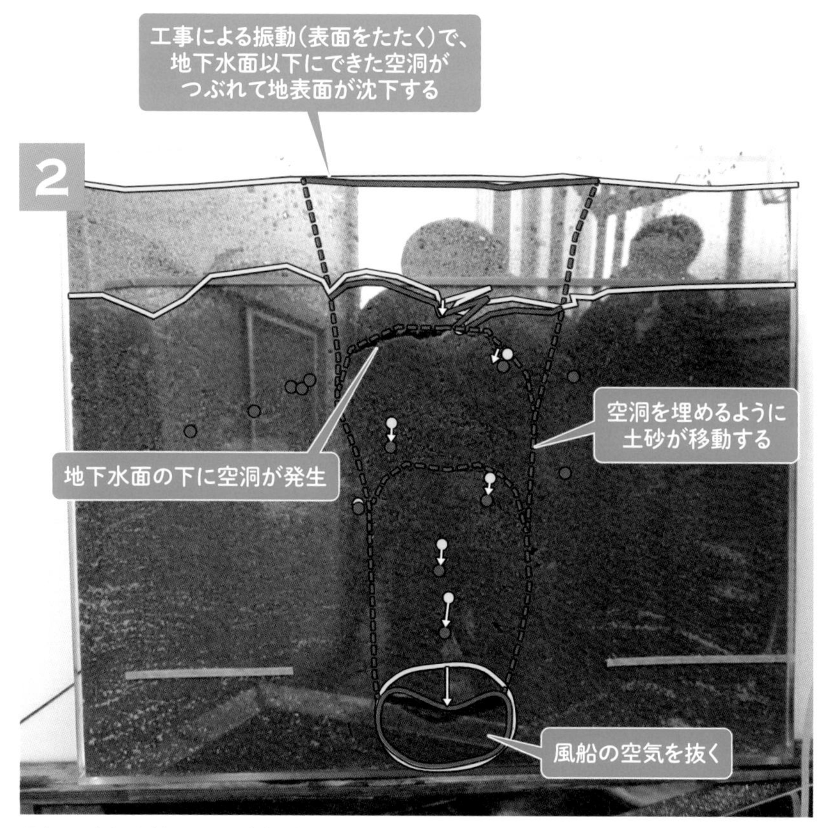

風船の空気を抜いて、強制的にシールド機が土砂を取り込み過ぎた状態にしました。すると、ウレタンシートが砂の自重でつぶれて、地下水位付近で空洞が形成されました

説明で伝えるポイント

シールドトンネルの陥没で有名なのが、東京都調布市の住宅街を通る市道で2020年10月に起こった東京外かく環状道路（外環道）の事故だ。今回のドボク模型ではこの事故を念頭において作った。

まず外環道の事故からおさらいしたい。陥没地点の47m下にある大深度地下では、外環道の南行き本線トンネルの工事が進んでいた。陥没の1カ月ほど前に外径16.1mの泥土圧式シールド機が南から北に通過したばかりだった。陥没地点の南北2カ所でも、土かぶり5mほどの深さに約600m^{3}と約200m^{3}の細長い空洞を確認。いずれもシールド機が掘進したほぼ真上に当たる。

事故後の調査では、トンネルの頂部から陥没箇所まで、地盤に煙突状の緩み領域が見つかった。地盤はN値50以上ある東久留米層だ。陥没後のボーリング調査によると、N値は3～22にとどまっていた。

この現場では掘削土をチャンバー内で泥土化、加圧させることで切り羽を安定させる「泥土圧式」を採用。チャンバーとは切り羽前面のカッターの後ろに設けた空間を指す。

陥没地点では、泥土化しにくくなったチャンバー内の土砂の塑性流動性（加圧した掘削土が自由に変形、移動できる性質）を保つため、切り羽前面の地山に気泡剤と水、空気を混ぜて作った微細な気泡を、チャンバー内に気泡溶液をそれぞれ注入しながら施工した。

振動への苦情に対応するため、シールド機は夜間休止としていた。その間にチャンバー内で土砂と気泡が分離。翌朝に起動できず、復旧作業でカッターを小刻みに回転させる寸動運転を繰り返したことなどによっ

2020年10月に陥没した箇所の埋め戻し工事の様子
（写真:東日本高速道路会社）

◆ 陥没以外に周辺で空洞も発生

陥没事故が発生した時点で、南行き本線トンネルのシールド機は現場から北に132mほど進んでいた。北行き本線トンネルのシールド機は未通過

（出所：東日本高速道路会社と国土地理院の資料を基に日経クロステックが作成）

◆ 陥没付近のN値は50以上

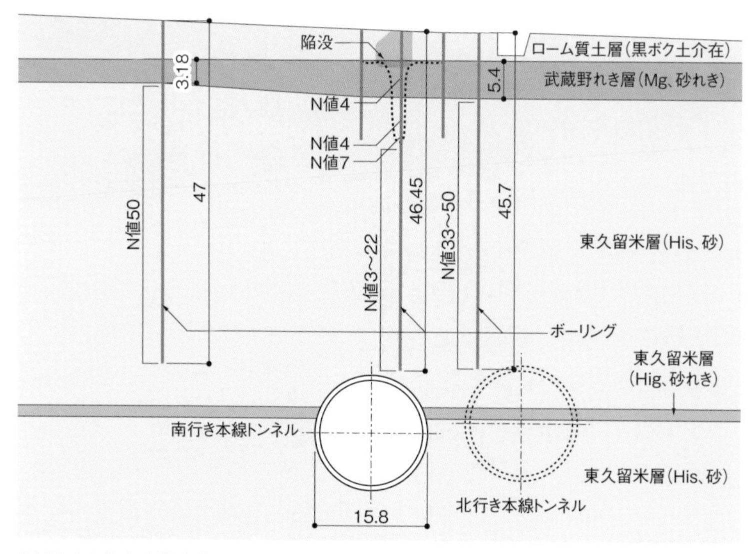

（出所：東日本高速道路会社の資料を基に日経クロステックが作成）

て、土砂を過剰に取り込み、地山に緩み領域が発生。陥没に至ったと見られている。

✂ 模型で起こったことを検証

今回の模型で再現した陥没は一瞬の出来事だった。地盤では一体、何が起こっていたのだろうか。

メカニズムを説明する前に、砂の性質について少し触れておく。飽和している砂は崩れるが、不飽和の砂は崩れにくい。例えば、水を少し垂らしたストローは、表面張力が働いて他のストローとくっつくように、砂も同様に適度な水があればくっつく。砂場遊びでトンネルを掘るときに水で湿らせるのは、この原理だ（167ページの「飽和と不飽和を見極める」を参照）。

模型ではシールド内に土砂を取り込んだ分だけ、シールド上部に空洞が生じた。空洞付近はもともと飽和した砂地盤だが、水が抜けて一時的に不飽和となる。しかし周りから水が供給されるため、すぐに飽和状態になり自立性がなく下に崩れる。この繰り返しで地下水位付近まで空洞がどんどん上に移動する。

地下水位付近で空洞が止まったのは、この層の砂地盤が不飽和となり、アーチングが形成されるためだ。実験ではアクリル板を手でたたいたところ、地下水位付近の空洞がつぶれて、地表面が陥没した。工事による振動でも同様の現象が起こる。

調布の現場は起点側では細粒が76％、中砂が4％程度だったが、陥没地点では細砂が11％、中砂が54％程度と中砂が主体となっていた。実験で中砂主体を使ったのはそのためだ。

そこで陥没地点以外を想定して、細粒分を増やした砂を使った同様の実験も実施した。実験の結果、1回目よりも土砂の移動量は少なかった。振動を加えても、地表面に陥没も生じなかった。細砂は小麦粉位の粒径だ。水で練ると粘土のようになる。つまり、細砂が増えると粘性が大き

◆ 飽和と不飽和を繰り返し空洞が上に移動

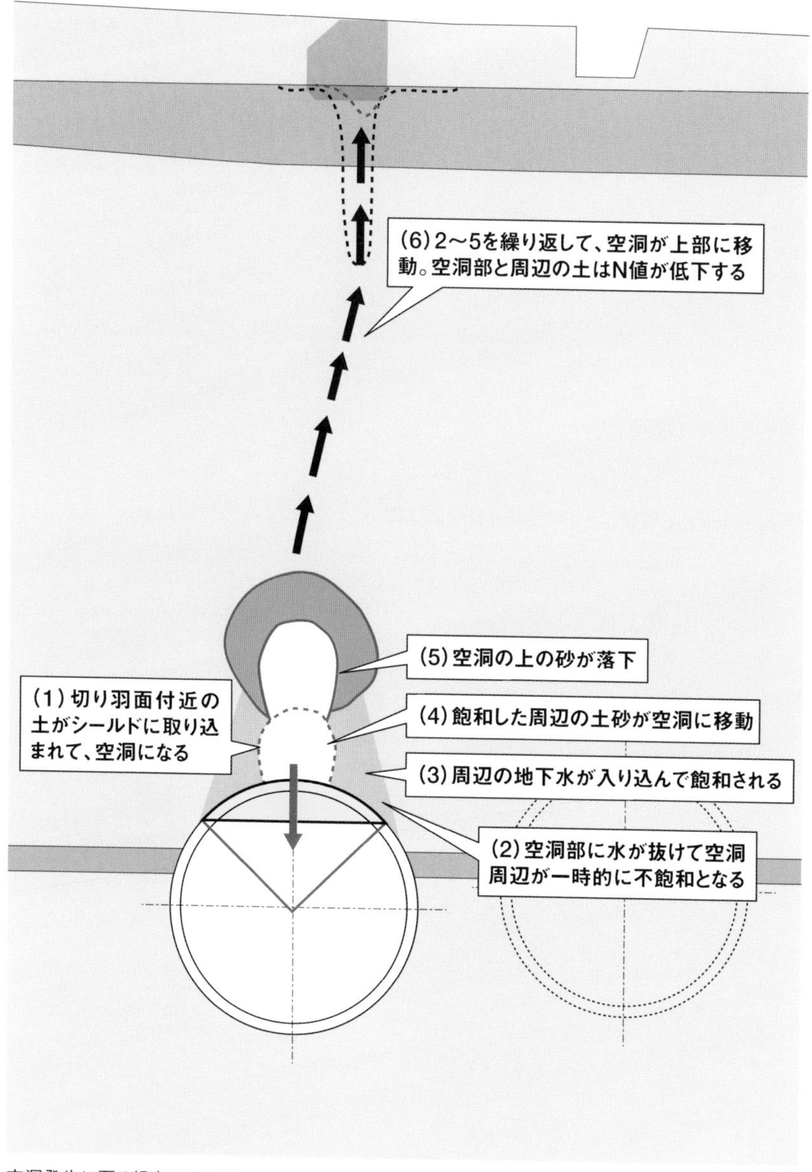

空洞発生に至る想定メカニズム
(出所:東日本高速道路会社の資料を基に藤井基礎設計事務所が加筆)

◆ 掘削土には中砂の分布が多い

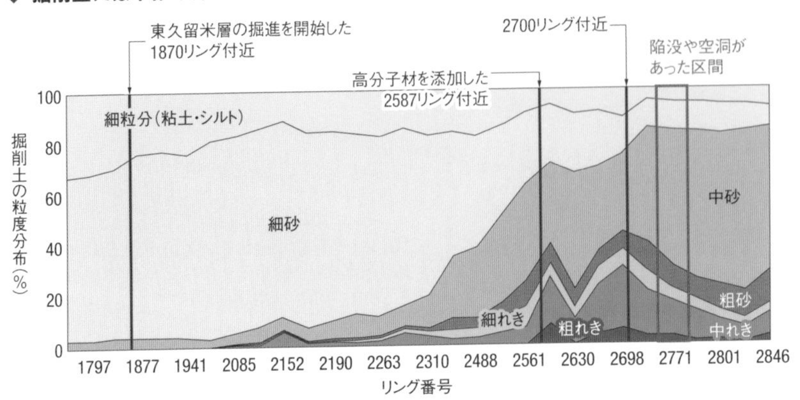

（出所：東日本高速道路会社）

◆ 細砂が多いと地表部へ向かうほど移動量は縮小

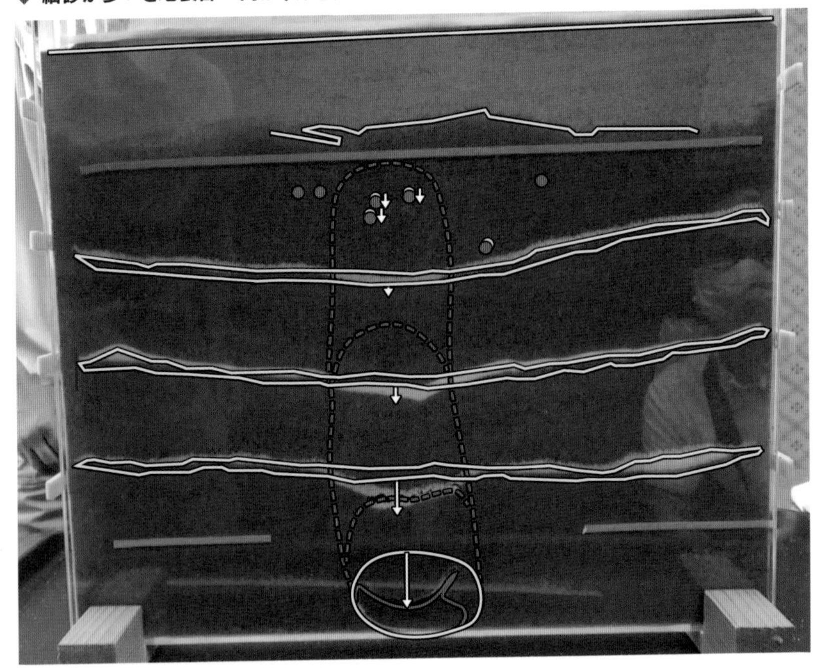

細砂の割合を増やした土砂を利用して2022年9月9日に実験した結果

くなるため、空洞が上方に移動しにくくなったと考えられる。

土砂の移動に伴う見た目の面積の変化が、N値の低下につながったことも検証した。移動した土砂の移動前の面積(下の写真の着色部)から、土砂の取り込み分や空洞、陥没などの発生分を引いて、面積の変化量を計算。1回目も2回目も空洞発生の前後で、土砂が移動した範囲の見た目の面積が増えている。砂の密度が小さくなったというわけだ。

◆ 移動した砂の面積が増加して砂の密度が小さくなる

[中砂主体]

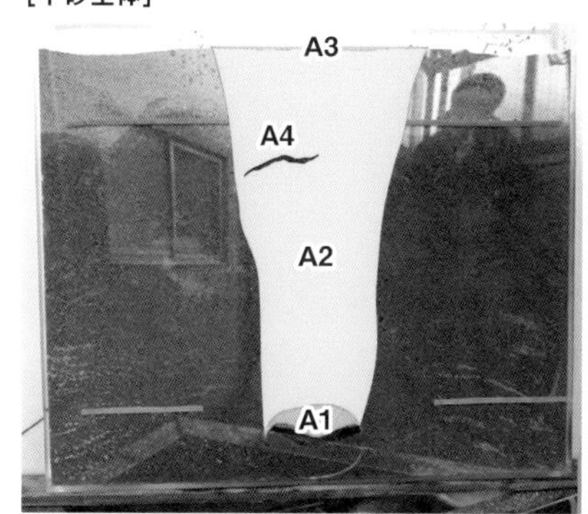

[細砂の含有量増]

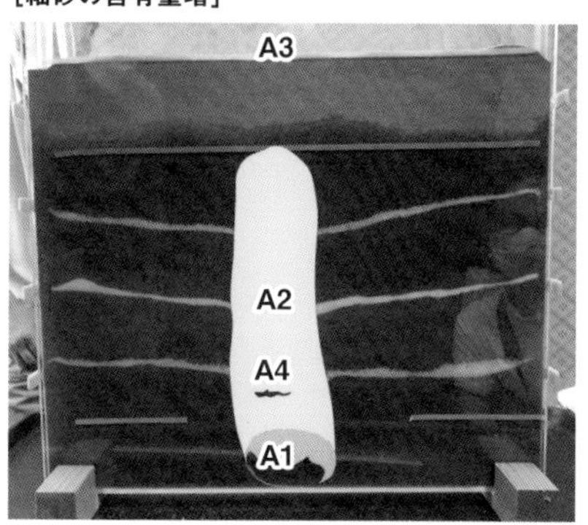

面積	実験日		備考
	2021年3月4日(中砂主体)	2022年9月9日(細砂の含有量増やす)	
A1(m^2):黄	21.8	37.8	取り込んだ土砂の面積(風船がつぶれた範囲)
A2(m^2):緑+赤	636.3	358.3	空洞発生前の面積
A3(m^2):青	8.4	0	地表面の沈下面積
A4(m^2):赤	2.5	1.3	土中の空洞
空洞発生前の面積A5(m^2)	644.7	358.3	A2+A3
空洞発生後の面積A6(m^2)	655.6	394.8	A1+A2−A4
面積増加量(m^2)	10.9	36.5	A6−A5
面積増加率(%)	102	110	A6×100/A5

(出所:藤井基礎設計事務所)

N値が低下したのはこのためである。細砂の含有率を増やした2回目の方が増加率は高い。細砂は粘性が高いので、空洞を埋める際に面積が大きくなったと考えられる。

今回は模型実験なので、大まかな傾向しか分からない。現地の砂で検証できると、砂の粒度分布と変形形態がより正確に分かる。実際の飽和砂に気泡剤を注入して、塑性流動性がどの程度の深さまで形成されるかの検証も必要だ。

工事前には、様々なリスクを考えておくことが技術者には欠かせない。簡易な模型実験は費用も日数もかからず、繰り返し実施して課題点を事前に抽出できるメリットがある。

下水道や河川など他工種でも、砂地盤下の工事は注意が必要だ。例えば私が住む出雲平野は、斐伊川や神戸川が運んだ砂が堆積しており、同様のメカニズムで陥没や空洞が生じた工事が少なくない。事例を精査して、設計に役立てることが大事だ。

飽和と不飽和を見極める

砂は水との関係で性質が変化する。その変化を肌で感じるための実験を実施した。2リットルのペットボトルの側面に飲み口を加工したものを用意する。そこに砂を入れ、続けて水を砂の表面まで入れれば準備完了だ。

キャップを外すと、砂が泥水状に流れ出す。飽和状態では砂同士にくっつく力がないためだ。落下した砂は緩勾配でたまるが、水分が少なくなると自立してタワーのようになる。これが不飽和状態だ。

水分が少なくなると自立する砂

不飽和で自立するのは砂粒の間に適量の水があるためだ。ストローの隙間に水があるとくっつくのもこれと同じ原理だ。

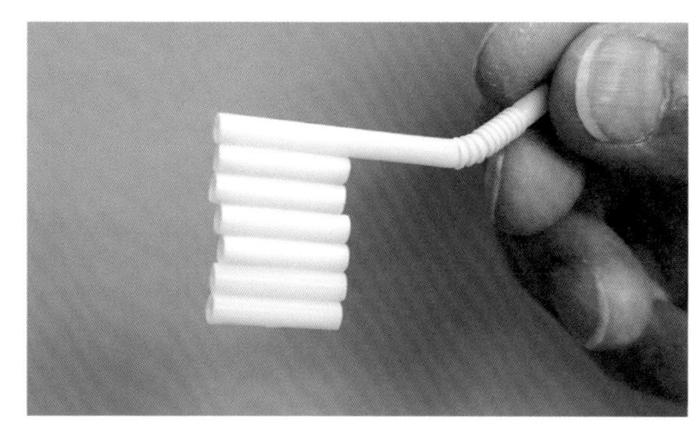

水を垂らしたストローを別のストローに近付けて持ち上げるとくっつく様子

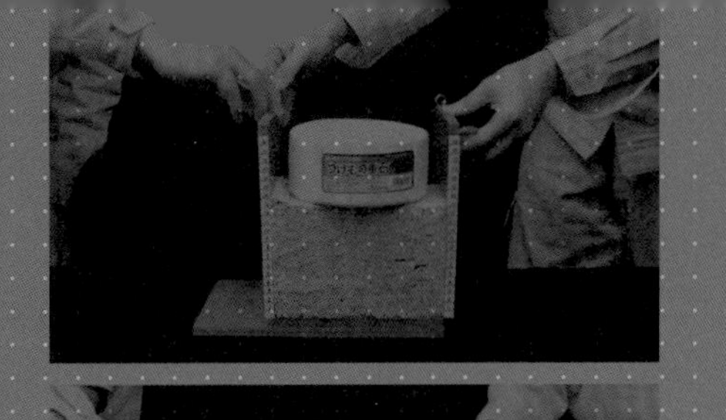

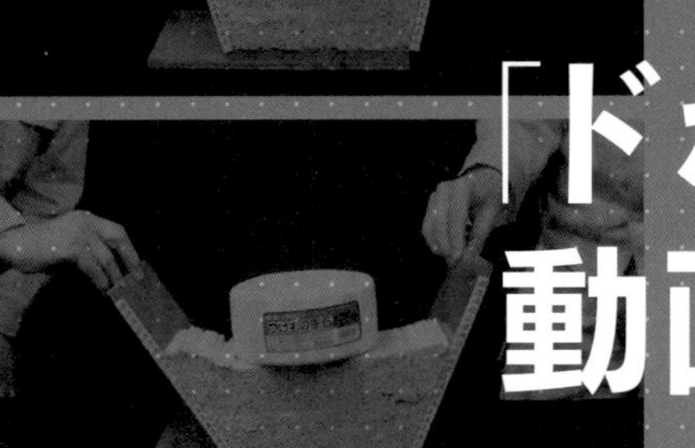

「ドボク模型」動画コーナー

スマートフォンやタブレットの端末のカメラを使ってQRコードを読み取れば、YouTubeに公開している「ドボク模型」の動画を見ることができます。

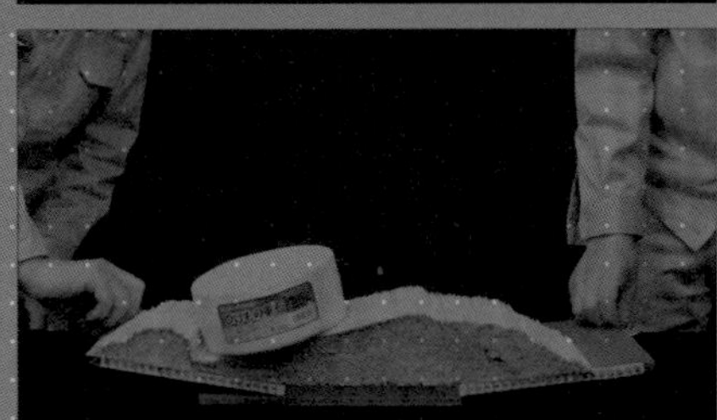

＊YouTubeの運営会社による仕様変更やサービス運営状況で、QRコードにリンクされる動画が正常に視聴できないことがあります。あらかじめご了承願います

1 トンネル切り羽の崩れ方は？

▶9-18ページ

トンネル切り羽の崩れ方

2 トンネルに掛かる偏圧とは？

▶19-31ページ

トンネルに掛かる偏圧のメカニズム

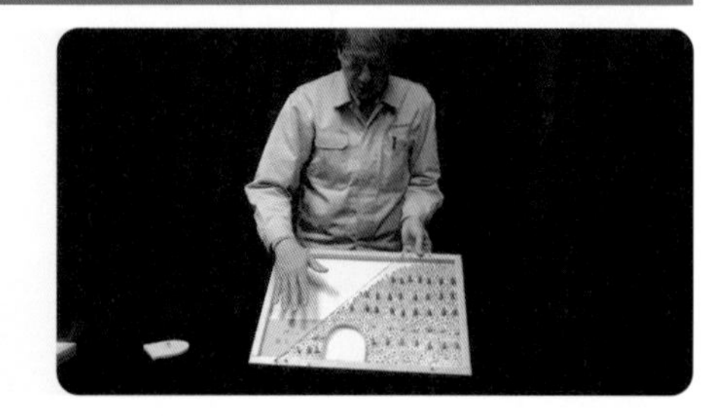

3 地盤の圧密沈下とは？

▶33-46ページ

地盤の圧密沈下のメカニズム

4 斜面に差し込む鉄筋の役割は？

▶47-57ページ

斜面に差し込む鉄筋の役割

隙間があっても斜面崩壊を防ぐメカニズム

5 杭に働く力とは？

▶59-69ページ

杭の先端支持力

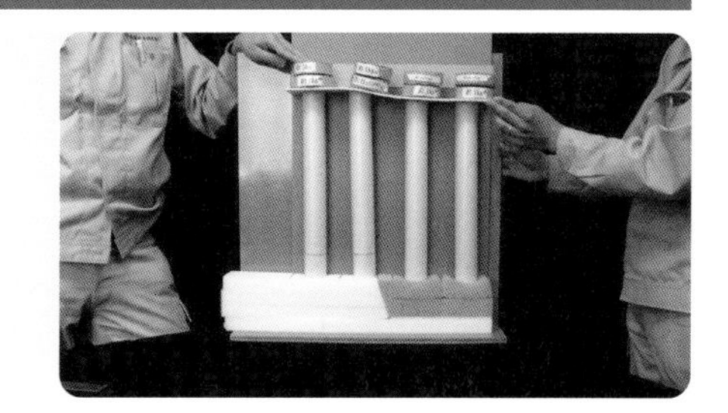

杭先端にある地盤の破壊

杭の周面摩擦力

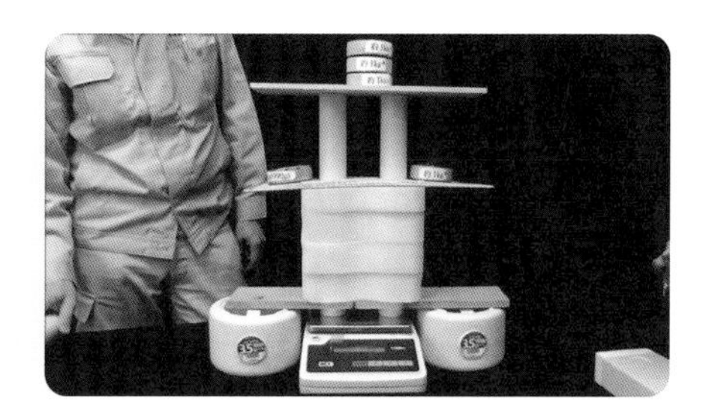

6 アンカー定着部に働く力とは？

▶71-81ページ

アンカーの仕組み

引張型アンカーの定着部

圧縮型アンカーの定着部

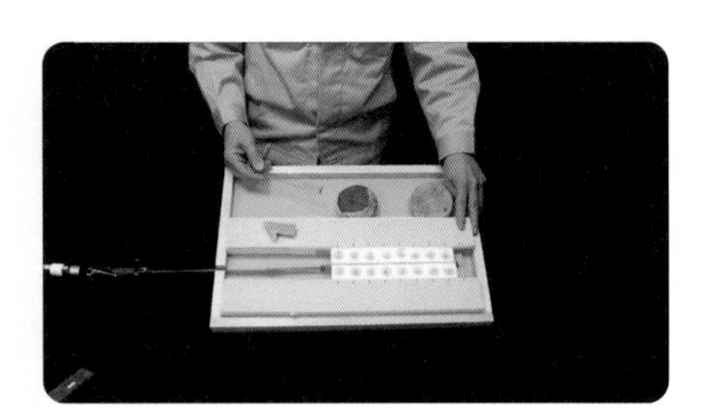

7 地震に強い石垣とは？

▶83-94ページ

ケース1の加振実験

ケース2の加振実験

ケース3の加振実験

ケース4の加振実験

8 アンカーが破断するとどうなる？

▶95-104ページ

アンカー頭部のすぐ背面で
アンカー材が破断

アンカー定着部近くの深い位置で
アンカー材が破断

リフトオフ試験の仕組み

一部のアンカー材が破断したときの
斜面全体への影響

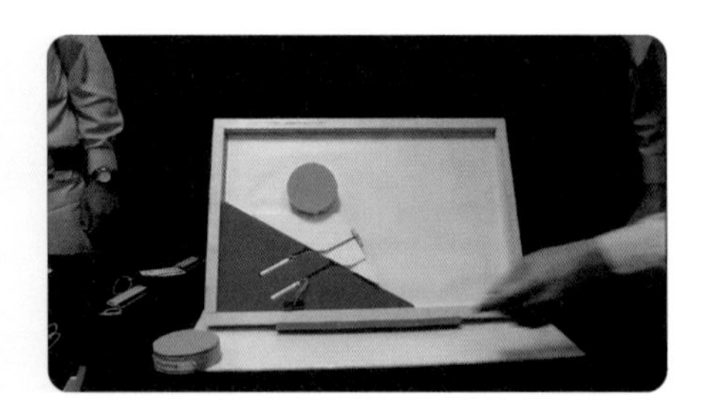

9　落石の衝撃にどう耐えるか？

▶105-117ページ

ポケット式落石防護網

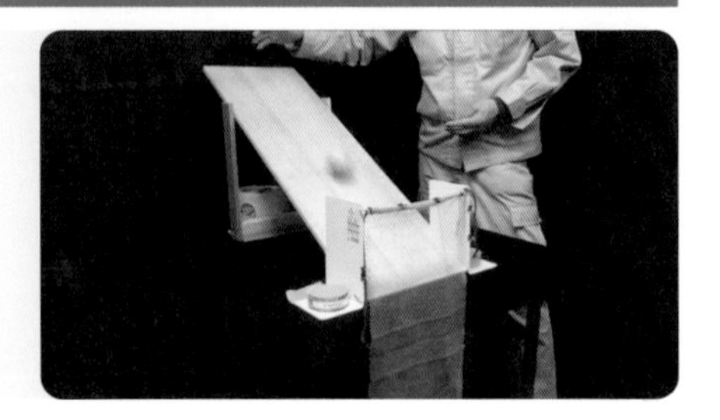

重り付きのポケット式落石防護網

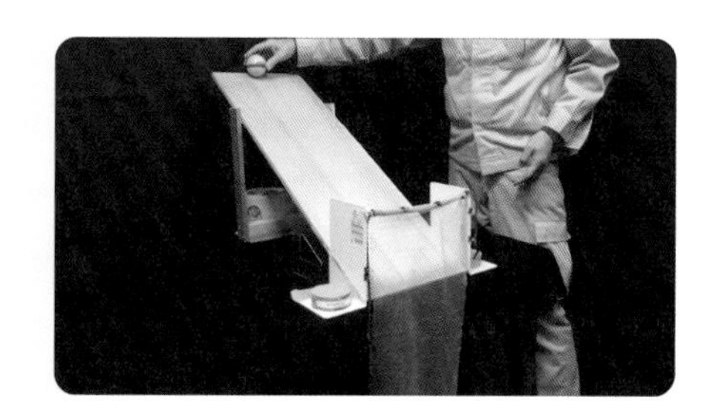

落石防護柵

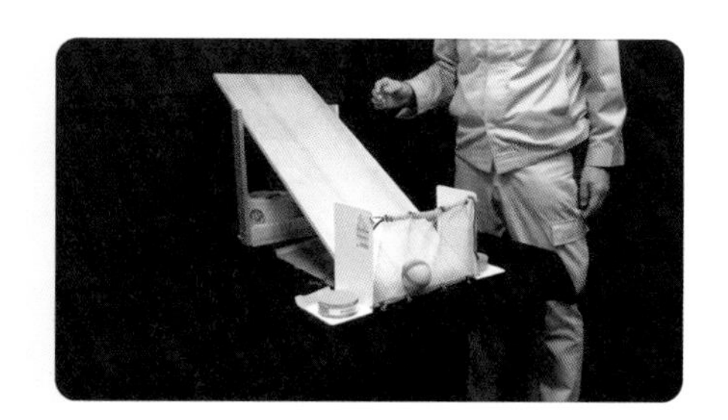

緩衝装置付きの落石防護柵

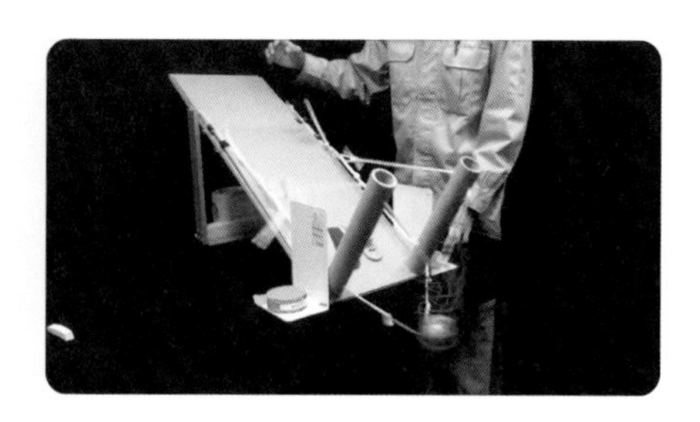

緩衝装置が機能しない落石防護柵

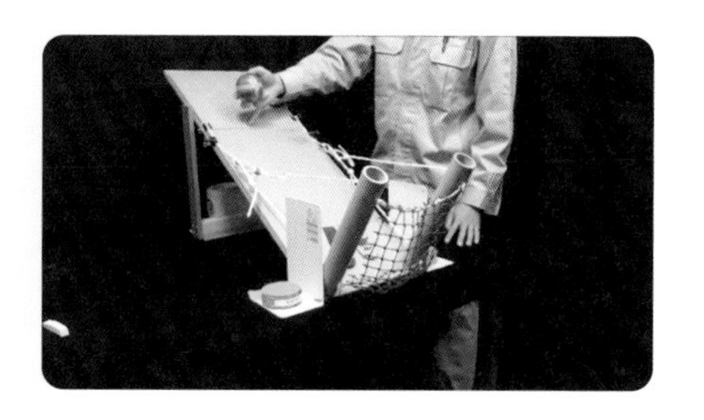

高エネルギー吸収柵の原理実験

10 土塊を動かす水はどこから？

▶119-127ページ

地滑り土塊と水の流れ

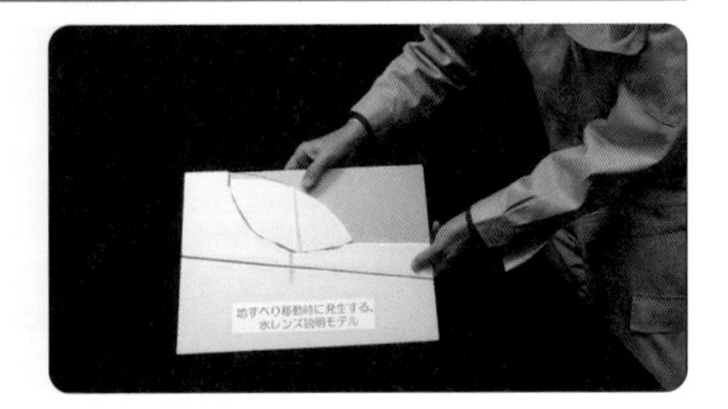

豆腐実験1

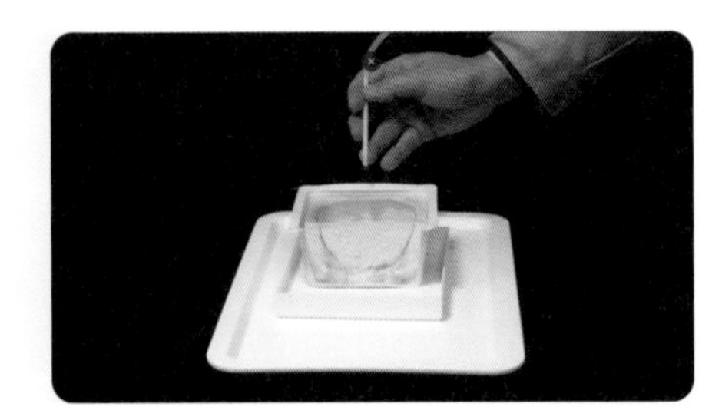

豆腐実験2

亀裂に浸透した雨水1

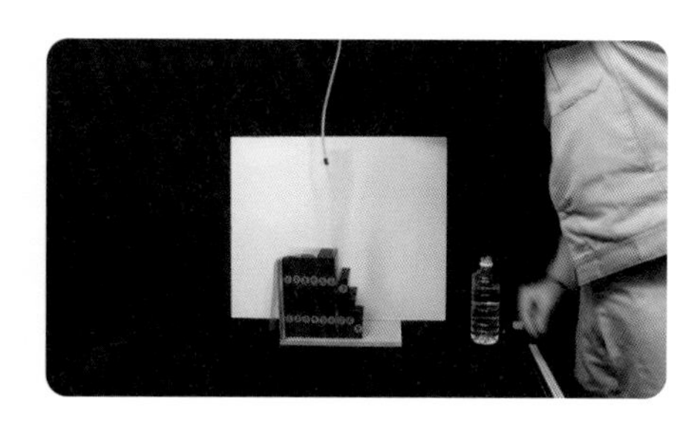

亀裂に浸透した雨水2

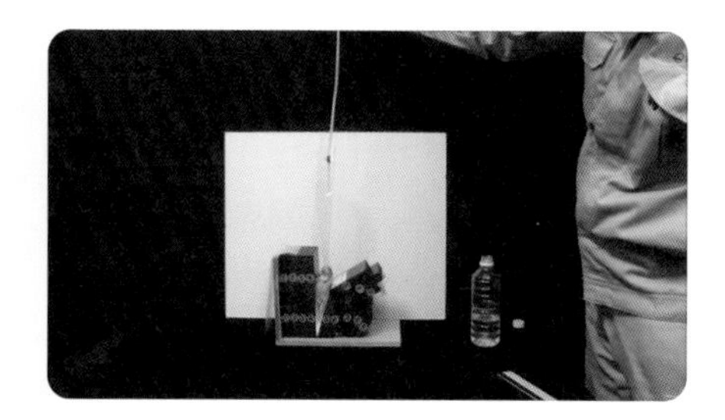

亀裂に浸透した雨水3

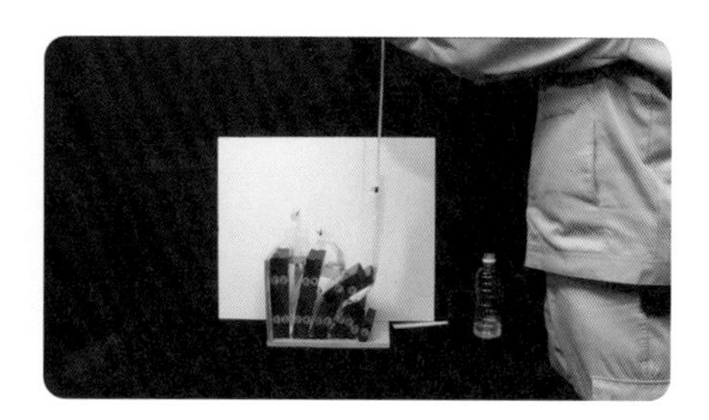

11 薄いシートで地盤はなぜ強く？

▶129-144ページ

鉛直載荷実験1

鉛直載荷実験2

鉛直載荷実験3

竹串実験1

竹串実験2

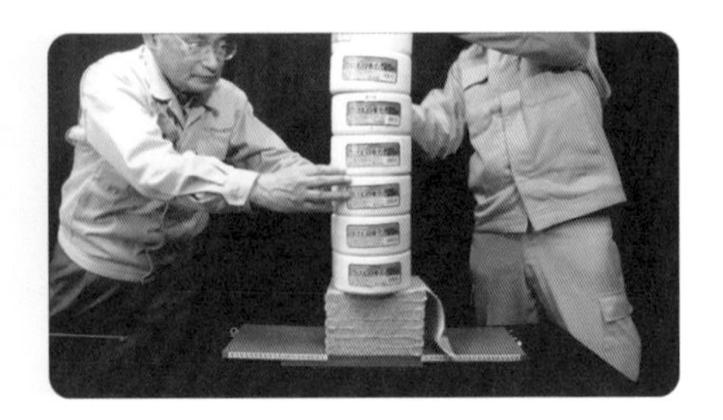

電池による原理実験1

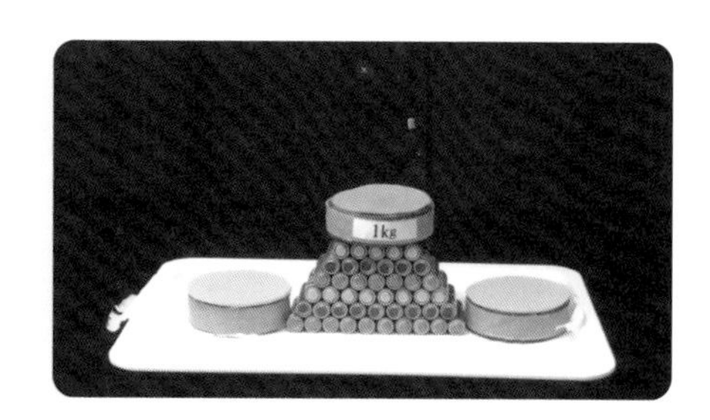

電池による原理実験2

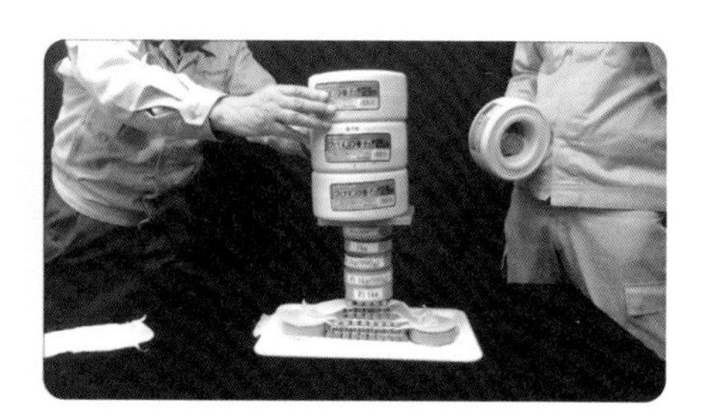

12 地盤が滑り出すのはなぜ？

▶145-155ページ

ブロックによる地層の褶曲（しゅうきょく）

浸食実験

滑りやすい地層の有無と安全性

地震と安全性

水圧と安全性

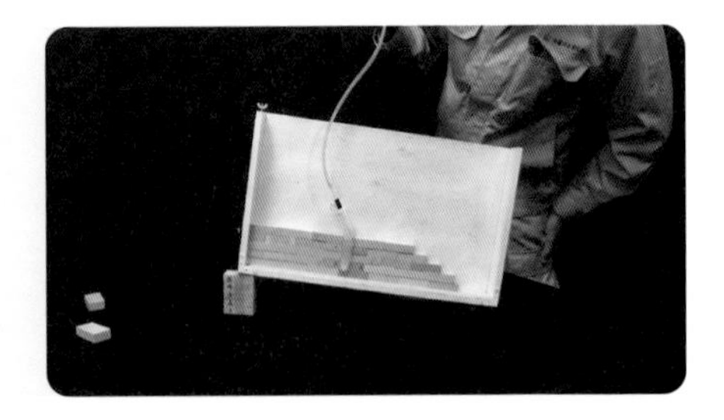

粉末による地層の褶曲(しゅうきょく)実験1

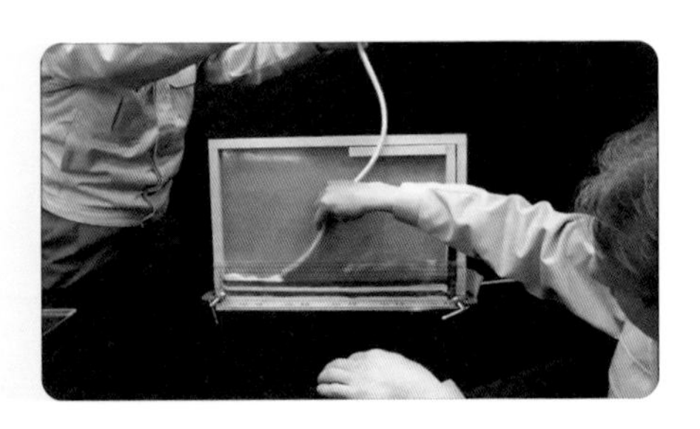

粉末による地層の褶曲(しゅうきょく)実験2

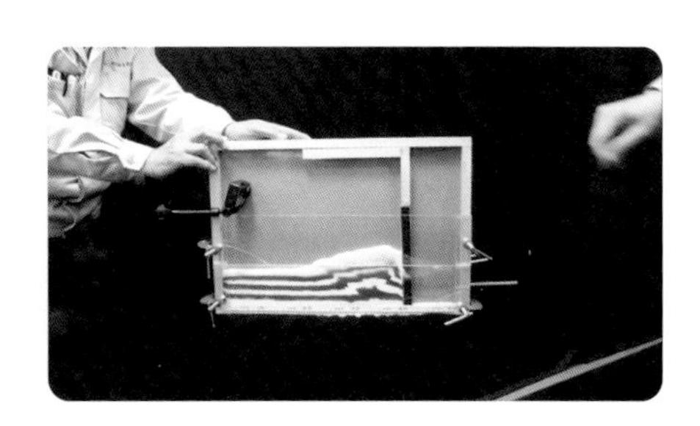

13 シールド機が土砂を取り込み過ぎるとどうなる？

▶157-167ページ

トンネル内に土砂が取り込まれる状況

振動を与える実験

砂地盤陥没実験

今回の書籍に掲載している
内容以外にも、
まだまだドボク模型はあります！
チャンネル登録はこちら

日経クロステックでの
ドボク模型の
連載記事はこちら

参考資料

DVDブック
模型で分かるドボクの秘密
（日経BP、2015年10月出版）

01　トンネルはなぜ崩れない？
02　雨降って山が崩れる仕組み
03　土のうの強さの秘密とは？
04　擁壁の形は何で決まる？
05　地盤の支持力とは？
06　地すべりで土はどう動く？
07　ジオテキスタイルって何？
08　コンクリートの弱点とは？
09　アンカーと杭はどう違う？
10　擁壁に掛かる土圧とは？
11　崖崩れを防ぐには？
12　持つ擁壁と持たない擁壁

✂ 著者紹介

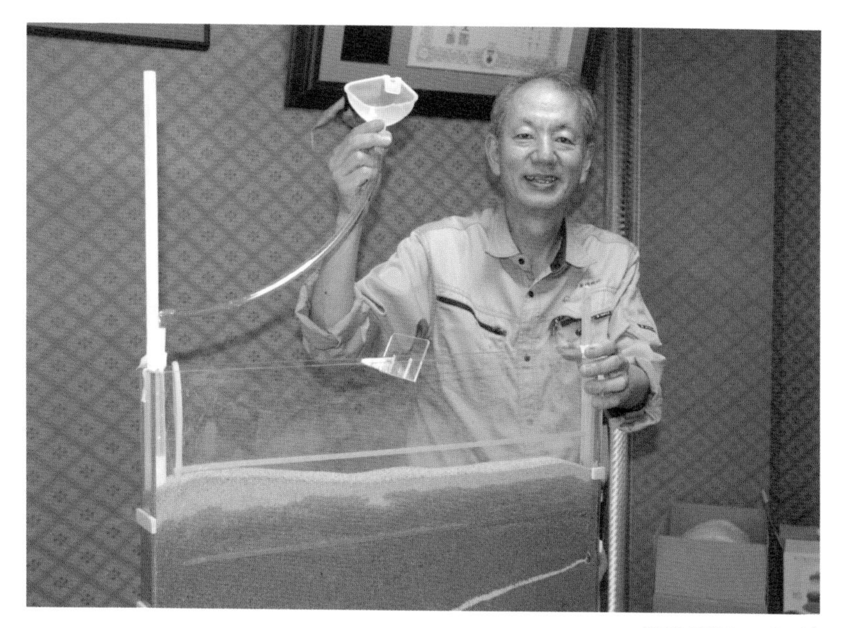

（写真:日経クロステック）

藤井 俊逸（ふじい・しゅんいつ）

藤井基礎設計事務所社長

1960年島根県生まれ。名古屋工業大学大学院を修了後、1985年に建設コンサルタント会社の藤井基礎設計事務所（松江市）に入社した。16年から現職。社外活動では弾性波診断技術協会の理事長や日本地すべり学会の理事・解説委員、土木学会の解説委員などを務める。学会での講演やテレビへの出演などでドボク模型を使った教育活動に力を入れている。2013年4月には、「模型実験による土木の理解増進」で文部科学大臣表彰（科学技術賞「理解増進部門」）を受賞。土木学会では「土木広報大賞2018」の準優秀賞を受賞した。執筆や取りまとめなどで関わった書籍に、「模型で分かるドボクの秘密」（日経BP）、「実験で学ぶ土砂災害」（土木学会）などがある

ドボク模型
大人にも子どもにも伝わる最強のプレゼンモデル

2023年12月11日　初版第1刷発行

著者　藤井 俊逸（藤井基礎設計事務所）
編集　日経コンストラクション
編集スタッフ　真鍋 政彦
発行者　森重 和春
発行　株式会社日経BP
発売　株式会社日経BPマーケティング
〒105-8308 東京都港区虎ノ門4-3-12
アートディレクション　奥村 靫正（TSTJ Inc.）
デザイン　真崎 琴実（TSTJ Inc.）
印刷・製本　大日本印刷株式会社

ISBN:978-4-296-20377-2

Printed in Japan

本書籍に関するお問い合わせ、ご連絡は下記にて承ります。
https://nkbp.jp/booksQA